JN016643

ミヤケン先生の
合格講義

土木施工
管理技士

第二次検定

1級

宮入賢一郎 著

OHM
Ohmsha

はじめに

　1級土木施工管理技士を名乗り、活用するための試験が「1級土木施工管理技術検定」です。1級土木施工管理技士は、建設業法により営業所に必要となる専任の技術者、または工事現場ごとに必要となる監理技術者、主任技術者に求められる資格であることから、建設現場のリーダーとして不可欠な資格です。

　この試験は、第一次検定と第二次検定に分かれており、それぞれに合格しなければなりません。同じ年に受検することができますし、第一次に合格してからあらためて別の年に第二次を受検することもできます。とりわけ、第一次検定に合格して「1級土木施工管理技士補」の称号を得たみなさんの次の目標は第二次検定！合格するといよいよ「1級土木施工管理技士」を名乗れます。

　本書は、日常の多忙な仕事に従事されている土木技術者のみなさんに、合格できる実力を効率よく身につけていただくことをねらいとしています。

本書が対応する第二次検定とは？

　実務経験の記述をはじめ、筆記の力が必要な応用問題を回答する形式がとられています。この出題は、たいへん広い範囲から詳しい知識が求められ、また現場での的確な判断能力も問われるため、どこから手をつけていいのか、わかりにくい受検者も多いはずです。

　四肢択一の一次試験とは異なる受検テクニックが、合格するためにはとても重要です。

　本書では、若手からベテランまで、幅広い受検者を想定しながら、すべての受検者が要領よく受検対策できるように秘訣となるポイントを解説しました。新制度試験の出題パターンはもちろんのこと、旧制度を含めた過去10年間の出題傾向を徹底分析し、問題の要点や正答の導き方をコンパクトにまとめています。本書一冊の内容をしっかり理解していただくことにより、第一次検定を合格できる実力が身につくはずです。本書を活用され、みごとに合格されることを祈念しております。

　2023年7月

宮 入 賢 一 郎

目　　次

試験概要と
攻略の秘訣

　1級土木施工管理技士になるために、この資格の試験制度を十分に理解しながら、手戻りのないように入念に準備を進めよう。

　本書の読者であるみなさんは、すでに二次検定を受検できる状況でしょうから、これまでの経験を活かして合格までの道すじを具体的にイメージするとともに、出題傾向や出題パターンの分析から、効率的な学習のポイントを押さえよう。

　さあ、合格への第一歩です！！

1. 二次検定はどのように進められるか？

　1級土木施工管理技術検定は、第一次検定と第二次検定で構成されている。同年度に第一次検定と第二次検定を受検することも可能であるし、それぞれを別の年度に受検することもできるようになっている。

まずは受検申込書の提出から！

　どのような資格試験にも共通のことであるが、受検資格を確認し、受検可能であれば受検申込みをしなければ始まらない。受検の申込みは3月中旬から下旬までのことが多いが、その年度の試験機関からの発表などを早めにキャッチし、準備に取り組む必要がある。年度末で、何かとあわただしいスケジュールのなか、ついつい受検申込書を書きそびれる、必要書類が間に合わない、郵送し忘れた、なども十分にあり得る。常に、早め早めを心がけてほしい。

　試験機関である一般財団法人全国建設研修センター（JCTC）の広報、ホームページ（https://www.jctc.jp/）を確認し、受検申込書を早めに入手し、必要書類を整えて、記載事項をしっかりと確認。そのうえで、あまり間をおかずに申込みをしたいところだ。

例年のスケジュール

　受検申込み：3月中旬〜3月下旬（第一次検定・第二次検定とも）
第一次検定：7月上旬
第二次検定：10月上旬
※具体的な日程は、必ず試験機関の広報で確認のこと
※受検資格など必要事項は受検する年の「**受検の手引き**」で確認のこと

 アドバイス
・試験情報をホームページでチェックし、早めに手続きを進めよう！
・実務経験年数などの受検資格、実務経験として認められる工事内容などは特にしっかり確認しよう。
・当然のことだが、受検申込みを提出しなければ、永遠に合格はあり得ない！

受検資格の確認

　学歴や資格によって、次のイ〜ニのいずれかに該当する場合は第一次検定の受験資格がある。

■ 第一次検定の受検資格

学歴または資格		土木施工管理に関する必要な実務経験年数	
		指定学科※1	指定学科以外
※2 イ	大学卒業者 専門学校卒業者（「高度専門士」に限る）	卒業後 3 年以上	卒業後 4 年 6 か月以上
	短期大学卒業者 高等専門学校卒業者 専門学校卒業者（「専門士」に限る）	卒業後 5 年以上	卒業後 7 年 6 か月以上
	高等学校・中等教育学校卒業者 専修学校の専門課程卒業者	卒業後 10 年以上	卒業後 11 年 6 か月以上
	その他（学歴を問わず）	15 年以上	
ロ	高等学校卒業者 中等教育学校卒業者 専修学校の専門課程卒業者	卒業後 8 年以上の実務経験 （その実務経験に指導監督的 実務経験を含み、かつ、5 年 以上の実務経験の後専任の監 理技術者による指導を受けた 実務経験 2 年以上を含む）	－
ハ	専任の主任技術者の実務経験が 1 年以上ある者	高等学校卒業者 中等教育学校卒業者 専修学校の専門課程卒業者	卒業後 8 年以上	卒業後 9 年 6 か月以上
		その他の者	13 年以上	
ニ	2 級合格者			

※1　指定学科には、土木工学、都市工学、衛生工学、交通工学、建築学、造園学等に関する学科が該当する。詳しくは試験機関のホームページ参照のこと。
※2　イの区分では、実務経験年数には、1 年以上の指導監督的実務経験が含まれていること。

■ 第二次検定の受検資格

　1 級の第一次検定に合格すると第二次検定を受検できる。ただし、上表ニ（2 級合格者）は、次のいずれかに該当する必要がある。第一次、第二次を同年に受検される 2 級合格者は、上表イ、ロ、ハまたは下表の受検資格が必要となるので注意してほしい。

学歴または資格		土木施工管理に関する必要な実務経験年数	
		指定学科※	指定学科以外
2 級合格後 3 年以上の者		合格後 1 年以上の指導監督的実務経験および専任の監理技術者による指導を受けた実務経験 2 年以上を含む 3 年以上	
2 級合格後 5 年以上の者		合格後 5 年以上	
2 級合格後 5 年未満の者	高等学校卒業者 中等教育学校卒業者 専修学校の専門課程卒業者	卒業後 9 年以上	卒業後 10 年 6 か月以上
	その他の者	14 年以上	

つづく

専任の主任技術者の実務経験が1年以上ある者	2級合格者	合格後3年以上の者	合格後1年以上の専任の主任技術者実務経験を含む3年以上	
		合格後3年未満の者	短期大学卒業者 高等専門学校卒業者 専門学校卒業者 （「専門士」に限る）	－	卒業後7年以上
			高等学校卒業者 中等教育学校卒業者 専修学校の専門課程卒業者	卒業後7年以上	卒業後8年6か月以上
			その他の者	12年以上	

※ 指定学科には、土木工学、都市工学、衛生工学、交通工学、建築学、造園学などに関する学科が該当する。詳しくは試験機関のホームページ参照のこと。

2. 試験の構成はどうなっているのか？

第二次検定

第二次検定は、午後のみの実施となっている。

スケジュール

入室時間	13：00まで
受検に関する説明	13：00～13：15
試験時間	13：15～16：00（2時間45分）

問題数

第二次検定の問題1～問題3は必須問題。中でも、自分自身の経験を記述する問題1の解答が無記入の場合は、問題2以降が採点されないことになっている。このことからも問題1が重要であることがよくわかる。

問題2と問題3は、安全管理や品質管理についての記述式問題となっている。

問題4～問題11までの選択問題は、選択問題（1）、選択問題（2）の2つのグループで構成されている。

問題4～問題7までの選択問題（1）は穴埋め式の記述式で、4問題から2問題を選択して解答するパターンとなっている。

問題8～問題11までの選択問題（2）は記述式で、4問題から2問題を選択して解答するパターンである。

3. 合格基準

この検定の合格基準は次のとおりとなっているが、試験の実施状況などを踏まえ変更する可能性がある、とされている。

第二次検定　全体で得点が**60%以上**

1. 第二次検定の出題範囲

第二次検定では、施工管理法のみが検定科目となっており、管理技術者として必要な知識や応用能力が問われる。

● 第二次検定の検定科目と検定基準

検定区分	検定科目	検定基準
第二次検定	施工管理法	・監理技術者として、土木一式工事の施工の管理を適確に行うために必要な知識を有すること。 ・監理技術者として、土質試験および土木材料の強度などの試験を正確に行うことができ、かつ、その試験の結果に基づいて工事の目的物に所要の強度を得るなどのために必要な措置を行うことができる応用能力を有すること。 ・監理技術者として、設計図書に基づいて工事現場における施工計画を適切に作成すること、または施工計画を実施することができる応用能力を有すること。

2. 第二次検定の出題傾向

問題1

自分が経験した土木工事の現場について、技術的課題と、これを解決するために検討した項目、実施した対応処置とその評価を記述する必須問題である。

安全管理のほか、品質管理に関する記述が求められる場合が多い。また、以前は、施工計画に関する出題もあった。

問題2、問題3

新制度の試験となってから、2問の必須問題が設定された。

問題2は、5か所の穴埋め式で、そこに当てはまる語句を記述する設問である。『地下埋設物・架空線などに近接した工事の施工段階での対策』や『コンクリートの養生』に関する出題があった。

問題3は、指定された語句についての説明などを記述する設問である。『盛土の品質管理における試験・測定方法の内容と結果の利用方法』として5つの試験・測定方法から2つを選んで記述する出題、『施工計画の立案に関する検討項目』として5項目の記述をする出題があった。

選択問題（1）　問題4〜問題7

選択問題（1）では4つの問題が出題され、このうち2問を選択して解答する

ものである。出題形式は、5か所の穴埋め式で、そこに当てはまる語句を記述する設問である。出題分野は、土工、コンクリート工、安全管理、環境保全などがみられる。

■ 選択問題（2）問題8～問題11

選択問題（2）では4つの問題が出題され、このうち2問を選択して解答するものである。出題形式は記述式となり、具体的措置・対策や留意点などといった応用能力が問われる設問が多い。出題分野は、土工、コンクリート工、安全管理、環境保全などがみられる。

攻略の秘訣！

◢◢ 合格のためには、検定科目、出題範囲に対応した準備が必要です。
本書では、新制度になってから出題された問題と、検定基準に該当する旧制度検定の過去問題の分析に基づいて学習プログラムとなる科目構成を工夫しています。

◢◢ 問題1は、唯一事前に準備できる自分自身の経験を記述するものです。確実に合格レベルに達することができるように、経験記述問題編では解答例を参考にしながらしっかりと準備しましょう。

◢◢ 問題1以外の出題分野は共通していますので、効率的な学習効果が得られるように、基礎・応用記述編では、出題分野をカバーしました。

◢◢ 各章では、「 演習問題 レベルアップ 」として、過去に出題された問題を解きながら、合格レベルを目指してレベルアップします。第二次検定は出題範囲の広い応用問題であるため、的を絞った学習が難しいと感じるかもしれませんが、演習で解答パターンを会得することが合格への近道となります。

◢◢ 筆記式ですので、覚えることだけでなく、書き慣れておくことが重要です。キーボードを使った仕事が多い今日では、漢字を間違いなく書けることは意外にたいへんです。

◢◢ ところどころに、「 アドバイス 」としてワンポイントのアドバイスを入れています。ここにも注目して学習を進めてください。当日の出題が類似していなくても、解答すべき内容の要点を知っていれば自信をもって解答に臨めるはずです！

経験記述問題 編

　第二次検定の問題1に必ず出題されるのが、経験記述問題。
これは、解答者である「あなた自身が経験した土木工事の現場」について回答する設問のため、あらかじめ準備しておくことが可能な唯一の問題だ。

　しかし、容易に記述できるとあなどってはいけない。自分が体験した業務だから簡単に書けると錯覚しがちだが、この問題を完璧に正解できなければ、第二次試験の合格は望めないもの！　と思うぐらいの気持ちで臨みたい。

問題1の出題パターン

　経験記述問題は、指定された解答用紙に筆記で書き込まなければならない。そのため、工事名や工事の内容（発注者名、工事場所、工期、主な工種、施工量など）は正確に覚えておく必要がある。

　また、筆記試験のため、漢字の誤字などは減点対象だ。そのためにも事前に、経験記述文例を数パターン用意しておく準備が欠かせない。できれば会社の上司や同僚、友人、家族などにも見せて、意見をもらうといいだろう。

　事前の記述文例は複数準備で万全に！　第三者のチェックは効果的‼

必須問題

【問題1】あなたが経験した土木工事の現場において、その現場状況から特に留意した安全管理に関して、次の〔設問1〕、〔設問2〕に答えなさい。
　　　　〔注意〕あなたが経験した工事でないことが判明した場合は失格となります。

〔設問1〕あなたが**経験した土木工事**に関し、次の事項について解答欄に明確に記述しなさい。

　　（注意）「経験した土木工事」は、あなたが工事請負者の技術者の場合は、あなたの所属会社が受注した工事内容について記述してください。
　　　　　　従って、あなたの所属会社が二次下請業者の場合は、発注者名は一次下請業者名となります。
　　　　　　なお、あなたの所属が発注機関の場合の発注者名は、所属機関名となります。

　（1）工　事　名
　（2）工事の内容
　　　①　発注者名
　　　②　工事場所

③ 工　　期
④ 主な工種
⑤ 施 工 量
(3) 工事現場における施工管理上のあなたの立場

〔設問2〕上記工事の**現場状況から特に留意した安全管理**に関し、次の事項につい
て解答欄に具体的に記述しなさい。
ただし、交通誘導員の配置のみに関する記述は除く。

(1) **具体的な現場状況**と特に留意した**技術的課題**
(2) 技術的課題を解決するために**検討した項目と検討理由及び検討内容**
(3) 上記検討の結果、**現場で実施した対応処置とその評価**

アドバイス

　例年の出題パターンはほとんど変わっていない。🐣で示している指定
される代表的な管理項目（品質管理、安全管理、工程管理など）が変化
するだけ。
　特に出題頻度の多い品質管理や安全管理で記述できるようにしっかり
準備し、工程管理や施工計画、出来形管理でも書けるようにしておくと
万全だ。

2. 出題形式の理解

1. 問題文

必須問題

【問題1】あなたが経験した土木工事の現場において、その現場状況から特に留意した安全管理に関して、次の〔設問1〕、〔設問2〕に答えなさい。

〔注意〕あなたが経験した工事でないことが判明した場合は失格となります。

　問題文は、とてもシンプル。実際にあなたの経験した業務について、指定された文章量で書き込むだけだ。

　記述する業務には、1級土木施工管理技士にふさわしいことをアピールできる現場を選びたいところだが、何もビッグプロジェクトにこだわる必要はない。むしろ、あまり目立たない業務であっても、技術的な課題を認識し、自分自身で工夫して解決し、成功させた現場を選ぶのがベターなのだ。

　記述すべき管理項目が、代表的な項目（品質管理、安全管理、工程管理など）から1つが指定される設問となる。なにが指定されるかは、試験本番までわからないため、どの管理項目が出題されても対応できるように準備しておく必要がある。

　1つの業務でいくつかの管理項目に解答できる場合は、工事名や工事内容を共通にすることができるため、下書きを記憶する負担は少なくてすむ。しかし、管理項目によってとりあげる現場を変えざるを得ない場合も出てくる。覚えることは増えるが、ベストな解答を目指すためにはやむを得ない。1つの業務を応用したいがために出題に沿わない記述は避けよう。

　まずは、管理項目ごとに最もふさわしい業務を事前に十分検討して準備しよう。

アドバイス

■解答にふさわしい現場＆業務を選ぼう！
　・技術的な課題を的確に説明できるか
　・検討した項目や検討理由、検討内容がしっかり表現できるか
　・現場で実施した対応処置を具体的に書くことができるか
■施工計画、出来形管理など、その他の管理項目についても、念のため準備しておこう。

2. 〔設問1〕の記述テクニック

経験した工事の概要のため簡単に書けそうだと思いがちだが、正確に、かつ具体的に書くためにはしっかりした準備をして暗記しておく必要がある。

経験記述問題 編

〔設問1〕あなたが**経験した土木工事**に関し、次の事項について解答欄に明確に記述しなさい。

(注意)「経験した土木工事」は、あなたが工事請負者の技術者の場合は、あなたの所属会社が受注した工事内容について記述してください。従って、あなたの所属会社が二次下請業者の場合は、発注者名は一次下請業者名となります。

なお、あなたの所属が発注機関の場合の発注者名は、所属機関名となります。

(1) 工　事　名
(2) 工事の内容
　　① 発注者名
　　② 工事場所
　　③ 工　　期
　　④ 主な工種
　　⑤ 施　工　量
(3) 工事現場における施工管理上のあなたの立場

「(1) 工事名」の書き方

「1級土木施工管理技術検定の手引き」に記載されている実務経験として認められる工事から選ぶ必要がある。工事の契約で用いられている正式名称が基本だが、抽象的で土木工事かどうかがわからない場合などは、（　）書きなどで補足してもよい。

「(2) 工事の内容」の書き方

①発注者、②工事場所、③工期は、工事の契約などで用いられていた正式なものとしなければならない。

④主な工種、⑤施工量も、実際の体験した工事の内容だが、実際には多くの工種・施工量が伴っている場合も多いため、工事全体として不可欠な工種や、〔設問2〕で記述する内容を含んだ工種としておくとよい。

「(3) 工事現場における施工管理上のあなたの立場」の書き方

施工管理上の立場は、あくまでも施工管理を指導・監督する立場であることが最適。このため、例えば、「工事担当者」、「資材係」、「助手」などという業務は避けなければならない。「現場代理人」、「現場監督」、「主任技術者」、「監督員（発注者の場合）」のような立場が適切といえる。

3. (設問2) の記述テクニック

指定された管理項目について、現場状況と技術的な課題、検討した項目と検討理由・検討内容、実施した対処処置とその評価、について具体的な記述が求められる。

〔設問2〕上記工事の**現場状況から特に留意した安全管理**に関し、次の事項について解答欄に具体的に記述しなさい。

ただし、交通誘導員の配置のみに関する記述は除く。

(1) **具体的な現場状況**と特に留意した**技術的課題**
(2) 技術的課題を解決するために**検討した項目と検討理由及び検討内容**
(3) 上記検討の結果、**現場で実施した対応処置とその評価**

指定された管理項目とは？

最も多く出題される「安全管理」「品質管理」の2つは、確実に解答できるように準備しておこう。

まれに、「工程管理」「施工計画」「仮設工」「環境管理」が指定されることもあるため、あわてずに書けるようにこちらも準備はしておこう。

設問2を攻略するポイント

問題の構成からも明らかなように、(1) 技術的な課題、(2) 検討項目と検討理由・検討内容、(3) 現場で実施した対応処置とその評価が、もれなく解答用紙に書き込まれていなければ、高得点には結びつかない。

技術的な課題が1つの場合もあれば、複数の場合もあるだろう。また、1つの課題を解決するために複数の対処処置を行う場合もあるだろう。実際の現場では複雑な問題をさまざまな方法を組み合わせて解決する場合が多いが、答案ではその点をできるだけシンプルにまとめなければ、決まった行数には収まらない。

ここでは、さまざまなパターンを、現場状況に応じて整理してみる。

➡1つの課題に対し、検討も1つ、処置も1つというシンプルな組合せ

➡1つの課題に対し、検討は1つだが、処置は複数という組合せ

➡複数の課題に対し、検討は1つ、処置も1つという組合せ

得点の高い答案では、(1) 技術的な課題は何か？ ➡ (2) 課題をどう検討したのか？ ➡ (3) どんな処置で対応したのか？という関連性が明確だ。

そもそも課題がはっきりしていない答案は論外。また、課題が書かれていても、それに対して有効な検討や対処を行っていなければ減点対象になる。

ひとこと アドバイス

技術的課題を明確に！ それに対する検討、対応処置も明確に！

3. 記述内容の整理

まずは、記述に入る前に、ポイントを書き出してみよう！20 ページ以降の文例リストのように管理項目（品質管理・工程管理・安全管理）ごとに、携わった工事の課題、検討、その処置を整理して覚えておこう。

なお、技術的課題が 3 つ以上ある場合は、解答用紙の文字量（行数）が限られているため、大きな技術的課題を 2 つ以下に絞りこんだほうがアピールしやすい。

記述内容を整理したら、実際の問題を同じように具体的に記述してみよう。

【設問1】

（1）工事名

工事名	

（2）工事の内容

①	発注者名	
②	工事場所	
③	工　　期	
④	主な工種	
⑤	施 工 量	

（3）工事現場における施工管理上のあなたの立場

立　場	

アドバイス
年度によって行数や指定されている設問文が変化することもあり得るため、実際の出題問題に合わせてアレンジできるよう、念のため準備しておこう。

文字数の指定がない場合は、1行に 20〜25文字程度でまとめてみよう。

[設問2]

（1）具体的な現場状況と特に留意した技術的課題 ← 8行程度の場合が多い

（2）検討した項目と検討理由および検討内容 ← 11行程度の場合が多い

（3）現場で実施した対応処置とその評価 ← 10行程度の場合が多い

経験記述問題 編

5.
解答レベルのチェック

練習シートの内容が合格レベルに達しているかどうか、管理項目ごとの記述ポイントに照らして確認しよう。

1.「品質管理」での記述ポイント

品質管理とは設計図書で提示されている必要な性能や品質規格が満足できるように、施工の過程において形状寸法や材料品質、強度などを検査し、確認することだ。

この際、とりあげた現場で何らかの技術的課題があり、その解決策を検討し、対応処置を実施したことで、成果が得られたことを解答するとよいだろう。

ひとこと アドバイス

> 材料や施工の品質で直面した課題に対して、材料試験などによる管理や施工方法などでどのような工夫をして解決したかのアピールが大切!

例

(1) 技術的課題

　　○○○のため、品質確保が困難となった。

(3) 現場で実施した対応処置

- 品質特性の管理
- 建設機械の機種変更
- 検査体制や検査方法、頻度の見直し

2.「安全管理」での記述ポイント

安全管理とは工事に従事した建設作業員や周辺住民の危険を防止し、安全に施工を進めるための方法を検討しながら実施すること。

この際、とりあげた現場で何らかの技術的課題があり、その解決策を検討し、対応処置を実施したことで、成果が得られたことを解答するとよいだろう。

ひとこと アドバイス

> 施工時の作業員や工事外の第三者において考えられる危険性に対し、安全確保のための対応処置を講じる、作業時間を見直すなど、どのような工夫をして解決したかのアピールが大切!

例

(1) 技術的課題

　　○○○のため、工事災害が生じる懸念があった。

(3) 現場で実施した対応処置

- 保安施設や誘導員の見直し

- 安全点検の強化

- 転倒防止や接触防止の措置

3. 「工程管理」での記述ポイント

　工程管理とは提示された工期の中で、最も合理的で経済的な工程を作成し、その過程を確認しながら工事の進捗を管理すること。

　この際、とりあげた現場で何らかの技術的課題があり、その解決策を検討し、対応処置を実施したことで、成果が得られたことを解答するとよいだろう。

　自然的な条件、社会的な条件などで工程を遅らせるような事態に対して、材料やスケジュール調整などの段取りや施工能力を向上させるなど、どのような工夫をして解決したかのアピールが大切だ！

例

(1) 技術的課題

　　○○○のため、工程の遅れが生じる懸念があった。

(3) 現場で実施した対応処置

- 施工方法の変更

- 建設機械の組合せや台数増強、機種の変更や大型化

- 使用材料の変更や二次製品の利用による回避

4.「技術的課題」と「対応処置」のレベルアップ

よくある NG 例を見ながら、さらに高得点に近づこう。

よくある NG 例 ① 安全管理

問題点：現場出入口の歩行者横断が危険そうだったので

➡**対応**：誘導員をつけた

　この例のような表現は曖昧で、まだ「技術的課題」と言えるレベルの問題点ではない。なぜ歩行者の横断が危険だったのだろう？技術的な根拠に基づいて記述しよう。また、誘導員の配置のみの対応処置では、十分な技術的な解決策とはいえず、得点につながらない。技術面をアピールできるようなほかの対応も追加したい。

こう考えてみよう！

≪問題点を見直して対応を分析する≫

　例えば……

問題点：・現場はどのような立地か？

➡**対応**：・工事関係車両の通行ルート、時間帯の影響はあったか？

・歩道の迂回やカラーコーンなどによる誘導の必要性は？

・標識や看板などによる注意喚起が必要では？

・夜間照明や電光表示など、視認性の向上は十分か？

・作業員や誘導員らへの安全教育は行ったか？

これで OK ！

問題点：現場出入口は、通学路でもある通行量の多い歩道のため危険が予測された。

➡**対応**：・出入口の照明灯や点滅灯を設置した。

・誘導員の配置と、光と音声で知らせる警報機（セフティボイス）を設置した。

・自発光式カラーコーンとバリケードにより誘導動線を明示し横断部の路面標示をした。

よくある NG 例 ② 工程管理

問題点：<u>工期に遅れが出てきたので</u>

➡**対応**：<u>作業員を増やした</u>

「作業員の増員」という書きこみだけではシンプルすぎる。工期の遅れに対する対応は、作業員の増員以外にもあったはず。対応は複数あってもかまわない。

こう考えてみよう！

≪専門知識がないとできない対応措置は何だろう≫

　例えば……

➡**対応**：・工区の細分化や統合ができないか？

　　　　　・施工機械の機種、規格、台数の最適化は十分か？

　　　　　・ネットワーク式工程表などによる工種の見直しは？

　　　　　・併行可能作業の検討は可能か？

　　　　　・作業員や必要資材調達の最適化を再検討できたか？

これで OK ！

問題点：<u>長雨が続いたことで土工やコンクリート打設に遅延が発生し、工期に影響が発生しはじめた。</u>

➡**対応**：・<u>天候回復の際に工程回復ができるよう、作業チームを複数班に再編成し、それぞれに応じた。</u>

　　　　　・<u>施工機械や資材などの配分計画を見直した。</u>

　　　　　・<u>ネットワーク式工程表を見直し、工期が回復できる見込みをつけた。</u>

　　　　　・<u>複数班が併行作業できるように施工担当区域を分割したほか、施工動線を確保した。</u>

6.
施工経験記述　文例

記述例を参照し、自分自身の解答案をさらにレベルアップさせよう。

📖 文例リスト

🚧 品質管理

文例番号	工事種別	主な技術的課題	主な対応処理
01	道路工事	寒中コンクリートの品質管理	混和剤や型枠、養生方法の工夫
02	道路工事	重力式コンクリート擁壁の表面仕上げ品質の確保	気泡とブリーディング水除去のための型枠
03	道路工事	マスコンクリートの温度ひび割れ防止	打設計画の工夫とひび割れ誘発目地の設置
04	土地造成工事	土地造成工事の盛土材料の確保と品質管理	材料の雨天時のシート敷や天日乾燥、盛土施工時の品質管理
05	河川工事	仮設土留め工のボイリング防止対策による品質確保	鋼矢板の根入れ延長とウェルポイント工法
06	砂防工事	寒中コンクリートの養生計画	ジェットヒータと穴あき送風管、シート敷設
07	下水道工事	管布設の埋戻し・締固めにおける品質管理	標尺設置による敷均し厚管理
08	橋梁工事	暑中コンクリートの品質管理	散水、シート養生、混和剤などの使用
09	橋梁工事	橋梁主桁架設の施工精度確保	複胴ウインチと油圧式自走台車の組合せ
10	トンネル工事	覆工コンクリートのひび割れ対策	養生マット、隔壁バルーン設置

🚧 安全管理

文例番号	工事種別	主な技術的課題	主な対応処理
11	道路工事	残土運搬における通学路安全対策	地元説明会などの実施、安全教育、日常管理
12	道路工事	舗装修繕工事の通行車両安全対策	歩道幅員の確保と片側交互通行への変更、案内表示・誘導員の配置
13	砂防工事	地すべり地形、崩壊地での安全性確保	監視人の配置、土石流警戒センサー設置
14	河川工事	仮締切工における湧水による崩壊	水中ポンプ大型化、大型土のうの設置と安全確認体制
15	港湾工事	作業員および第三者の地震・強風災害防止	垂直避難場所の確保、警報受信機器、風速計の活用

つづく

つづき

16	下水道工事	近隣住民への安全な通行路確保	作業時間の工夫、作業内容の掲示、臨時駐車場の設置
17	橋梁工事	移動式クレーン架設の転倒防止	クレーン機種選定、支持地盤の確認と補強
18	鉄道工事	線路近接での薬液注入工事での安全管理	多点注入工法の採用、自動計測システム
19	鋼構造物塗装工事	道路上空の吊り足場設置時の安全対策	片側交互通行、転落防止ネットの仮設
20	トンネル工事	工事用車両の第三者事故防止対策	運搬時間帯の配慮、無線による連絡、照明

工程管理

文例番号	工事種別	主な技術的課題	主な対応処理
21	道路工事	地すべり崩落土砂運搬処分の工期短縮	残土処分場の見直しと複数班体制の構築
22	土地造成工事	擁壁の打設計画見直しによる工程短縮	施工ブロックの分割など作業手順の再検討
23	河川工事	半川締切り工の工期短縮	幅広鋼矢板への変更と施工機械の複数化
24	砂防工事	集水ボーリング工事の工程短縮	滑剤使用、作業前の点検整備の徹底、予備機械の導入
25	砂防工事	土砂運搬の効率向上による工期短縮	運搬用ダンプの大型化と通路整備
26	森林土木工事	地すべり地での効率的施工	仮設道路設置、同時作業と作業員の増員
27	公園工事	隣接商業施設の渋滞による運搬車両の遅延と並行工事の円滑化	全体工程の調整、運搬車両の増車と稼働時間調整
28	鉄道工事	運転路線における制限時間内での工事	施工方法の複数案の比較検討と最適計画の立案
29	橋梁工事	線路上空工事の施工時間の短縮	プレキャストコンクリート板による埋設型枠への変更
30	橋梁工事	河川区域内橋梁下部工の河川増水対策	鋼製仮桟橋の設置

文例 01 品質管理 / 道路工事

[設問1]

（1）工事名
  主要地方道○○○線
  道路改良工事

（2）工事の内容
① 発注者名
  ○○県○○建設事務所

② 工事場所
  ○○県○○郡○○町
  ○地先

③ 工　期
  令和○年 10 月○○日～
  令和○年 3 月○○日

④ 主な工種
  擁壁工

⑤ 施工量
  擁壁延長 L＝38.9m、
  コンクリート V＝355m³

（3）工事現場における施工
管理上のあなたの立場
  現場代理人

[設問2]

（1）具体的な現場状況と特に留意した技術的課題
  主要地方道○○○線道路改良工事に伴う逆T型擁壁工が、本工事の主な工種であった。
  施工時期が、冬期間に計画されていたため、擁壁コンクリートの打設の際に気温が4℃以下になることがあらかじめ懸念されたことから、寒中コンクリートとしての初期凍害防止と強度確保などが、品質管理の技術的な課題として挙げられた。

（2）検討した項目と検討理由および検討内容
  冬期の気象条件において、所要のコンクリート品質を確保するため、寒中コンクリートとして適切な作業にすることを理由として以下の検討を行った。
①所要の養生温度や初期強度を確保できるセメントの種類を検討。
②長期的な耐凍害性を高めるための適切な混和剤の選定を検討。
③コンクリート養生において、保温養生のみではコンクリート凍結の危険があるため、給熱養生を検討。型枠材は、保温性の高いものの使用を検討した。

（3）現場で実施した対応処置とその評価
  対応処置として、以下を実施した。
①普通ポルトランドセメントを使用。
②混和剤は、高性能AE減水剤を用いて空気量を6％にする。
③型枠には、鋼製型枠に比べ熱伝導率が小さくて保温効果の大きい木製型枠を使用。
  上記の3点により寒中コンクリートの品質を確保した。このような使用材料の変更と施工時の木製型枠の使用は、寒中コンクリートの品質確保に有効な方策であったと評価できる。

[設問1]

（1）工事名
　県道○○○○○○線
　道路改良工事

（2）工事の内容
① 発注者名
　○○県○○土木事務所

② 工事場所
　○○県○○市○○地先

③ 工　期
　平成○○年5月○○日～
　平成○○年12月○○日

④ 主な工種
　擁壁工

⑤ 施工量
　重力式擁壁
　H=2.5 m、L=52 m
　コンクリート V=120m³

（3）工事現場における施工
管理上のあなたの立場
　現場監督

[設問2]

（1）具体的な現場状況と特に留意した技術的課題
　本工事は、県道○○○○○○線道路改良工事での、道路の土留め工であり、重力式擁壁（H=2.5m）を52mの延長で施工した。
　前年度に施工された同路線の重力式擁壁表面には、あばたや表面気泡が目立ったことから、発注者から擁壁表面を緻密なコンクリートとする品質管理を行うように強く求められたことが技術的な課題であった。

（2）検討した項目と検討理由および検討内容
　重力式擁壁のように斜面を持つコンクリート構造物では、バイブレータをかけ過ぎることなどによって、コンクリートから分離した気泡やブリーディング水が上面から抜けにくくなり、硬化後に表面気泡やあばたが残ってしまうことが多い。
　この表面気泡やあばたは、コンクリートの美観だけでなく、品質にも長期的な影響を及ぼすことが考えられた。このため、それらが発生しないコンクリートとして完成させることを理由として、コンクリート中の余剰水と気泡を型枠外に排出させるための型枠材を検討した。

（3）現場で実施した対応処置とその評価
　この現場では、通常の木製型枠（パネル式合板）に透水性のあるシートを貼り、5mm程度の穴を50～100mm程度の間隔で削孔することで、コンクリート打設時におけるブリーディング水と気泡を型枠外に効率的に排出させる対応処置を実施した。
　その結果、表面気泡やあばたを生じさせず、表面が緻密なコンクリートの打設が実現できた。
　このように前年度の施工後の品質をふまえた対応処置は、品質管理における有効な方策であったと評価できる。

経験記述問題 編

[設問1]

（1）工事名
県道〇〇〇線
〇〇大橋下部工工事

（2）工事の内容

① 発注者名
〇〇県〇〇川整備事務所

② 工事場所
〇〇県〇〇市〇〇地区

③ 工 期
平成〇〇年 4 月〇〇日〜
平成〇〇年 12 月〇〇日

④ 主な工種
橋梁下部工

⑤ 施工量
橋台コンクリート
V = 455 m³
高さ H=12.5m、
幅 W=16.5m

（3）工事現場における施工
管理上のあなたの立場
現場監督

[設問2]

（1）具体的な現場状況と特に留意した技術的課題
　〇〇県〇〇市の橋梁下部工として、逆T式橋台を新設した工事をとりあげる。
　この橋台は、高さ 12.5m、幅 16.5m、厚さ 1.9m、と躯体が厚く、幅が広い形状だったことから、橋台の施工では、マスコンクリートとしての温度ひび割れ防止などといったコンクリート品質の確保を課題と想定していた。

（2）検討した項目と検討理由および検討内容
　先に打設された底版に、後から打設した躯体コンクリートが温度降下時に自由に収縮できずに拘束されることで、外部拘束型の温度ひび割れが生じてしまうことが考えられた。
　この理由から、マスコンクリートの温度応力解析を実施し、ひび割れ発生の確率とコンクリート内部の最高温度・応力・ひずみ、ひび割れ発生箇所に関する解析を実施することにした。この解析結果をもとに、リフト高さ、打設間隔などの打設計画、ひび割れ誘発目地（誘発目地の有無による比較）などを検討した。

（3）現場で実施した対応処置とその評価
　マスコンクリートの温度ひび割れを防止するため、検討の結果から、次の対応処置を実施した。
・温度応力解析の結果をふまえたコンクリートの打設計画を策定。
・誘発目地の設置有無の検討結果による、躯体中央部に誘発目地を設置（誘発目地は、断面減少率を 50% とした）。
　この結果、誘発目地にひび割れを集中させて、施工表面にはひび割れのない高品質の橋台を構築できたことは、課題に対して有効な対応処置であったと評価できる。

文例 **04** 品質管理 ／ 土地造成工事

[設問1]

（1）工事名
　〇〇工場団地〇〇パン工場敷地造成工事

（2）工事の内容
① 発注者名
　〇〇町開発公社

② 工事場所
　〇〇県〇〇町〇〇地区

③ 工　期
　令和〇年6月〇〇日〜
　令和〇年3月〇〇日

④ 主な工種
・敷地造成工
・雨水調整池工

⑤ 施工量
・造成土量　57,000m³
・雨水調整池
　貯留量6,500t

（3）工事現場における施工管理上のあなたの立場
　現場監督

[設問2]

（1）具体的な現場状況と特に留意した技術的課題
　本工事は〇〇工場団地で〇〇町が誘致したパン工場計画に伴う土地造成工事であった。
　窪地状の地形を呈する現場であったことから、57,000m³という大量の搬入土による盛土が計画されていた。ここで使用する盛土材はすべて購入土であり、良質な材料確保と、盛土材料および盛土施工の品質管理が重要な技術的課題であった。

（2）検討した項目と検討理由および検討内容
　盛土材料および盛土施工の品質管理を検討した。
　良質な盛土材料を大量に確保するため、他の公共工事における建設発生土利用を検討した。盛土材の品質確認のため、保管場所の範囲内の代表的な複数箇所で試料を採取し、締固め特性試験を実施したところ、部分的に第3種建設発生土の基準値（コーン指数400kN／m²以上）を満たしていないことが判明した。そのために、搬入前の品質改善策として、雨天時のシート養生や晴天時の乾燥促進を検討したほか、盛土施工での締固め密度管理や敷均し厚さ管理を計画した。

（3）現場で実施した対応処置とその評価
　技術的課題に対する盛土の品質管理として、以下の対応処置を実施した。
①現場搬入前対策を実施したことにより搬入土の品質が改善し、施工性の良い盛土材が搬入できた。
②盛土の敷均しおよび転圧作業は、気象情報を確認しながら、降雨時を避けて実施した。
③1回の敷均し厚さは30cm以下で転圧し、現場密度試験による締固め度90%以上を確保した。
　上記のように搬入前の品質改善に取り組み、良質な盛土材としたことで、品質管理上からの要求事項を満足でき、評価できる点といえる。

文例 05 品質管理 ／ 河川工事

[設問 1]

（1）工事名
　一級河川○○川
　○○工区改修工事

（2）工事の内容
① 発注者名
　○○省○○川河川事務所

② 工事場所
　○○県○○市○○地先

③ 工　期
　令和○年9月○○日～
　令和○年3月○○日

④ 主な工種
　仮土留め工

⑤ 施工量
　鋼矢板Ⅲ型 117 枚
　ウェルポイント 30 本

（3）工事現場における施工
管理上のあなたの立場
　現場監督

[設問 2]

（1）具体的な現場状況と特に留意した技術的課題
　○○川改修工事は、非出水期間の11～3月中に、堤防部に樋門を建設するものだった。
　掘削底面が砂地盤であったので、地下水位の設定と、ボイリングの防止といった問題点に留意し樋門を完成させる必要があった。
　このため、仮設土留め工の品質管理を実施することが技術的課題となった。

（2）検討した項目と検討理由および検討内容
　ボイリング防止と地下水位の設定およびその対策について検討した。
　まず、施工期間の11～3月の非出水期間における観測井の水位データを過去10年分収集し、基準水位を現地盤からマイナス1.0mに設定した。
　砂地盤であることからボイリング防止のための鋼矢板の根入れ長を確保し、最終掘削時のケースと比較した。
　その結果、ボイリング防止時の根入れ長を検討するとともに、補助工法の採用を検討することで、ボイリング防止対策とした。

（3）現場で実施した対応処置とその評価
　技術的課題に対し、次の対応処置を実施した。
① 鋼矢板延長を、ボイリングに対する掘削底面の安全率1.2以上となる全長9.0mとした。
② 補助工法としてウェルポイントを1.3m間隔で30本打設して地下水位を低下させた。
　これによって仮設土留め工の品質を確保し、限られた非出水期間での工事完成につなげた。
　仮設土留め工の品質確保と、工程内での工事完成は現場における技術的課題に対する有効な解決策であったと評価できる。

文例 06 品質管理 ／ 砂防工事

[設問1]

（1）工事名

令和○年度

特定緊急砂防・通常砂防

合併工事

（2）工事の内容

① 発注者名

○○省○○砂防事務所

② 工事場所

○○県○○郡

○○村○○地先

③ 工　期

令和○年11月○○日～

令和○年7月○○日

④ 主な工種

副堰堤工、床固・側壁・

水叩工

⑤ 施工量

・副堤 H=6.0 m、

　L=21.5m、V=449m³

・床固め V=175m³

・側壁・水叩 V=272m³

（3）工事現場における施工
管理上のあなたの立場

現場代理人

[設問2]

（1）具体的な現場状況と特に留意した技術的課題

この工事は、前年度に完成した砂防堰堤の下流域における渓流保全工事であった。

現場は急傾斜地の北向き斜面で、冬期はほとんど日照時間がなく、最低気温はマイナス10℃以下になることが予見された。工程では冬期にコンクリート打設をする必要があり、コンクリートの初期凍害防止についての適切な品質管理が課題だった。

（2）検討した項目と検討理由および検討内容

著しい低温下でのコンクリート初期凍害防止を理由として、養生方法を次のように検討した。

当初は、打込み区間をシートで覆い、練炭やジェットヒータを使用した給熱養生計画であったが、この方法ではシート内全体を均一に給熱することは困難であり、部分的に凍害が発生する可能性があった。このため、ヒータと穴開きの送風管を組み合わせ、温風が全体に平均していきわたるように検討した。また、温風が局所的にあたることによる乾燥を防止するため、コンクリート上面にシートを敷くことを検討した。

（3）現場で実施した対応処置とその評価

コンクリートの寒中養生方法として、ヒータと穴開きの送風管を組み合わせた給熱養生に加え、コンクリート上面にはシートを敷設した。コンクリート打込み後、コンクリートおよび養生温度を測定した結果、養生区画内全体に温風がいきわたっており、均一な給熱養生を確実に実現することができている確認がとれ、初期凍害が防止できた。

凍結防止と乾燥防止を両立できており、寒中コンクリートの初期養生の品質管理として適切であったと評価できる。

文例 07　品質管理／下水道工事

[設問1]

（1）工事名
令和○年度（国補）
特定環境保全公共下水道
事業管きょ工事

（2）工事の内容
① 発注者名
　　○○市役所

② 工事場所
　　○○県○○市○○地内

③ 工　期
　　令和○年9月○日〜
　　令和○年3月○日

④ 主な工種
　　・管路（下水管・マンホール）
　　敷設工

⑤ 施工量
　　・管布設 VU φ200mm
　　　L=450m
　　・1号マンホール設置
　　　13基
　　・取付管4箇所

（3）工事現場における施工
管理上のあなたの立場
　　現場責任者・現場監督

[設問2]

（1）具体的な現場状況と特に留意した技術的課題
　この工事は、交通量が多い主要幹線道路である県道○○線において、土被り3〜4mの深さで下水管を埋設する工事である。現場は、交通量の多い道路であり、交差点や沿道建物の接続も多く開削工が必要となった。
　下水管布設後の路面の沈下防止が重要であることから、路面沈下の主要な原因である埋戻し時の締固め不足への対策が施工上の技術的課題であった。

（2）検討した項目と検討理由および検討内容
　埋戻し時の締固め不足を防止することを理由とし、次のことを検討した。
・敷均し厚さが締固め品質に大きく影響を与えるため、当初設計の敷均し厚さ30cmを見直すとともに、敷均し厚さの管理を確実にする方法を検討した。
・締固め方法を改善するため、当初設計でタンパのみとしていた締固め機械を見直し、締固め作業方法の工夫と標準化を検討した。なお、締固め品質は、現場密度試験において締固め度95%以上の確保を目標とした。

（3）現場で実施した対応処置とその評価
　対応処置として、敷均し厚さを20cmにとどめる提案を行い、協議により決定した。敷均し厚さを管理するため、20cmごとに色分けした標尺を5m間隔で設置した。締固め機械にはバイブロコンパクターを追加し、散水を行いながら適度な湿潤状態で締固めを実施した。その結果、現場密度試験では締固め度95%以上が確保でき、路面沈下を防止できた。当初施工計画に対し、詳細な施工方法を見直すとともに、よりきめ細やかな品質管理を実施したことは大いに評価できる。

[設問1]

（1）工事名

市道○○線○○橋梁新設工事

（2）工事の内容

① 発注者名

　○○市役所

② 工事場所

　○○県○○市○○地先

③ 工　期

　令和○年5月○日～

　令和○年3月○日

④ 主な工種

　橋梁床版工

⑤ 施工量

　鉄筋コンクリート床版

　コンクリート V＝112m³

（3）工事現場における施工管理上のあなたの立場

　主任技術者

[設問2]

（1）具体的な現場状況と特に留意した技術的課題

　この工事は、○○橋梁新設工事における、コンクリート床版の打設工事であった。

　床版コンクリートの打設工事は、夏季に計画されていたことから、日平均気温が25℃以上になることが予想された。そのため、初期ひび割れの防止と所要の強度確保など、暑中コンクリートとしての品質管理が技術的な課題であった。

（2）検討した項目と検討理由および検討内容

　高温となる気象条件下において所要の品質が得られるようにすることを理由に次の検討を行った。

・気温が高い場合、型枠、鉄筋が日光を受け、打ち込まれたコンクリートの急激な凝結の恐れがあるため、型枠の温度が低下できる措置を検討した。

・所要のワーカビリティを得るため、単位水量や単位セメント量が過大とならないように対策を検討した。

・表面積が大きいため、打込み後のコンクリート表面の急激な乾燥を避けるための検討を行った。

（3）現場で実施した対応処置とその評価

　検討結果に基づいて次の対応処置を行った。

・打設前に型枠に散水後、シート覆いをして温度上昇を避けた。

・混和剤に遅延系の高性能AE減水剤を用いて単位水量、単位セメント量の低減を図った。

・打込み後の表面の、直射日光や風による急激な乾燥を防ぐために被膜養生剤による養生を行った。

　以上より、初期ひび割れを発生させることなく、良質なコンクリートを構築できたことは、品質確保に有効な方策であったと評価できる。

文例 09　品質管理 ／ 橋梁工事

[設問 1]

（1）工事名
令和○年度
県営農道整備事業橋梁上部工

（2）工事の内容
① 発注者名
○○県○○地方事務所

② 工事場所
○○県○○市○○地内

③ 工　期
令和○年 10 月○日～
令和○年 7 月○日

④ 主な工種
2 径間連続 PC
ボストテンションバルブ
T 桁橋上部工

⑤ 施工量
・橋長 ＝87m
・支間長
　＝42.25m＋42.25m
・幅員構成
　車道 7.0m、歩道 2.5m

（3）工事現場における施工
管理上のあなたの立場
現場監督

[設問 2]

（1）具体的な現場状況と特に留意した技術的課題
　県営農道整備事業に伴う 2 径間連続 PC ボストテンションバルブ T 桁橋の上部工の工事であった。
　計画道路の縦断勾配が 7.0％ という急勾配の橋梁であったため、計画されていた長さ 43.5m、重量 132t の主桁 8 本を、架設桁架設工法により高い施工精度を確保しながら架設することが重要な技術的課題であった。

（2）検討した項目と検討理由および検討内容
　主桁架設の精度確保のため、以下を検討した。
　当初設計では複胴ウインチを使用した引出し作業であったが、ワイヤへの負荷が大きいことと精度確保が困難であることが予想された。そのため、主桁の引出し作業における施工精度を向上させることを理由に、微調整が可能な油圧式自走台車による押出し作業を併用する工法を検討した。また、主桁は長大な T 桁で勾配があるため、引出し作業時にバランスをとることが困難であり、作業の確実性を向上させる必要があったため、桁のバランスを取ることが期待できる強力サポートの設置を検討した。

（3）現場で実施した対応処置とその評価
　対応処置として、以下を実施した。
・複胴ウインチでの引出し作業と油圧式自走台車による押出し作業を併用することで、ワイヤへの負荷を軽減させた。
・自走台車が油圧式のため微調整が可能となり、高い施工精度を確保できた。
・強力サポートの設置により T 桁のバランスを保って架設作業が実施ができた。
　課題に対する適切な改善により、施工精度が確保できたことは、品質管理の観点から評価できる。

[設問1]

（1）工事名
　広域農道整備事業（県交付金）
　　○○地区○工区

（2）工事の内容
① 発注者名
　　○○県○○部○○支庁

② 工事場所
　　○○県○○郡
　　○○町○○地内

③ 工　期
　　令和○年6月○日〜
　　令和○年3月○日

④ 主な工種
　　トンネル工

⑤ 施工量
　　トンネル本体工
　　（NATM工法）
　　トンネル延長 L=830m

（3）工事現場における施工管理上のあなたの立場
　　現場監督

[設問2]

（1）具体的な現場状況と特に留意した技術的課題
　この工事は、市街地郊外部の丘陵地における農道開設事業に伴って、トンネルを新設するものであった。
　トンネルの延長が830mであり、覆工コンクリートの打設時期が約4カ月の長期に及ぶことから、覆工コンクリートのひび割れ対策が品質管理上においての技術的課題となった。

（2）検討した項目と検討理由および検討内容
　覆工コンクリートでのひび割れの発生を抑制することを品質管理上の理由として、その主な発生原因を特定し、必要となる対策を検討した。
・初期温度変化（特に打設後4日前後にピークアウトを迎える）に伴う温度ひび割れの養生対策を検討
・坑口部からの外気流入に伴う乾燥発生による乾燥ひび割れの養生対策を検討
・特にセントル肩部の締固め不足に伴う沈下ひび割れ対策を検討

（3）現場で実施した対応処置とその評価
　検討結果に基づく対応処置を実施した。
・打設後1週間は、養生マットで覆工コンクリート全面を覆った。
・貫通後の坑口部に、隔壁バルーンを設置した。
・セントル肩部にコンクリート打設窓を設け、コンクリート充填状況の目視により締固め管理を容易にした。
　この結果、ひび割れ発生を防止しただけでなく、あばたなどのない美観に優れた品質が確保できたことから、有効な解決策であったと評価できる。

文例 11 安全管理 / 道路工事

[設問1]

（1）工事名
　平成○○年度
　社会資本整備総合交付金
　工事

（2）工事の内容
① 発注者名
　○○県○○建設事務所

② 工事場所
　○○県○○市○○地先

③ 工　期
　令和○年6月○日～
　令和○年3月○日

④ 主な工種
　掘削工、
　連続繊維補強土工、
　植生基材吹付工

⑤ 施工量
　・掘削・残土処理
　　41,500m³
　・連続繊維補強土
　　(t=20cm) 4,200m²
　・植生基材吹付 (t=3cm)
　　4,200m²

（3）工事現場における施工
管理上のあなたの立場
　現場監督

[設問2]

（1）具体的な現場状況と特に留意した技術的課題
　道路建設のため、①4万m³超の掘削と残土運搬が主体の土工事、②切土のり面処理として連続繊維補強土工および発生木材を再利用した植生基材吹付工、の主に2つの工種からなる工事。
　発生する多量の搬出土は、小学校などの近くの狭あいな道路を通じて運搬する必要があり、交通事故などの第三者災害の防止が技術的課題となった。

（2）検討した項目と検討理由および検討内容
　通学路となる道路での安全確保を目的とし、第三者災害防止のため、次の計画を検討した。
・運搬経路を含めた地元説明会を2地区で開催し、工事への理解と協力をお願いする
・近隣の保育園、小・中学校へ工事について説明し子どもらへの注意喚起を依頼
・子どもや保護者が対象の現場見学会を開催
・過積載防止のため、トラックスケールによる荷姿と重量確認および自重計によるチェック
・荷姿の確認、運転手への安全教育・日々の経路巡視や運行状況確認などの日常管理

（3）現場で実施した対応処置とその評価
　検討の結果、事前説明会や日常管理といった対応処置を実施し、地元の理解と協力が得られたほか、作業員の意識が向上し安全運転の徹底を図ることができた。その結果、1日に80～100台、約5か月間合計約1万台のダンプトラックが往復する残土運搬であったが、クレームが一度も発生することなく、無事故・無災害で完了することができた。
　大規模な掘削・運搬を伴う土工事において、きめ細やかな対応を適切に実施したことにより、第三者の安全を確保できたと評価できる。

文例 **12** 安全管理 ／ 道路工事

[設問 1]

（1）工事名
主要地方道○○線
道路橋梁維持（舗装修繕）
工事

（2）工事の内容
① 発注者名
○○県○○工事事務所

② 工事場所
○○県○○市○○地先

③ 工 期
令和○年 6 月○日〜
令和○年 3 月○日

④ 主な工種
舗装修繕工

⑤ 施工量
・切削オーバーレイ
t=5cm、w=5.0m、
4,029m²
・舗装打換え 45m²

（3）工事現場における施工
管理上のあなたの立場
現場監督

[設問 2]

（1）具体的な現場状況と特に留意した技術的課題
　この工事では、主要地方道の延長 750m 区間において、道路の経年劣化に伴う舗装修繕を施工するものであった。着工前の現地調査の結果、片側の車道幅員が 2.3m 程度の区間が約 50m あった。この区間はバス路線であり大型車両も通行するため、車両通行止めによる施工は不可能であった。したがって、狭い幅員の道路で、大型車両を通行させながら、舗装修繕作業の安全性を確保することが技術的課題と考えた。

（2）検討した項目と検討理由および検討内容
　狭い幅員の道路において、大型車と歩行者の安全を確保しながら、切削オーバーレイによる修繕工事を実施するため、次のことを検討した。
　あらためて、幅員の狭い区間を詳細に調査した結果、歩道と車道の境界に取外し可能なガードレールが設置されていることや、歩道と車道に段差がないことが確認できた。
　そのため、既存ガードレールを一時的に取り外し、必要な歩道幅員を確保しながら、道路の片側半分で、大型車の通行可能な幅員を確保し、片側交互通行とする対策を検討した。

（3）現場で実施した対応処置とその評価
　現場では、1.2m 幅の歩道を確保し、仮設ガードレールを設置することで、車道幅員 2.8m を確保することが可能となり、道路片側ずつ所定の補修工事が実施できた。また、大型車両の円滑な通行のため、有効幅員の明示と併せて最徐行を促す注意看板を設置し、誘導員を配置した。
　これらの対策の結果、通行車両および歩行者の安全を確保した。本業務での対応処置は、事前に作業現場の状況を詳細かつ適切に把握し、計画、実施したもので、安全管理上有効であったと評価できる。

文例 13　安全管理 ／ 砂防工事

[設問1]

（1）工事名
　　○○川流域○○沢砂防堰堤工事

（2）工事の内容
① 発注者名
　　○○県○○砂防事務所

② 工事場所
　　○○県○○郡
　　○○村○○地先

③ 工　期
　　令和○年8月○日～
　　令和○年3月○日

④ 主な工種
　　堰堤工

⑤ 施工量
　　コンクリート V=185m³

（3）工事現場における施工管理上のあなたの立場
　　現場監督

[設問2]

（1）具体的な現場状況と特に留意した技術的課題
　　本工事は、○○沢上流の砂防堰堤工事であり、○○川水系○○沢において上流域からの流域土砂の調整を目的として砂防堰堤を新たに建設するものであった。
　　施工場所とこの周辺では、河川による浸食の進行と、多くの地すべり地形や崩壊地が存在していた。このことから砂防堰堤を安全に構築するための安全管理計画が技術的な課題であった。

（2）検討した項目と検討理由および検討内容
　　本工事では、砂防堰堤工事の安全を確保することを理由として、以下の検討を行った。
　　国土地理院の1／25,000の地図によって流域面積を測定し、過去10年の24時間最大降雨量と、○○沢の○○川との合流点下流での最大流量を既往調査データから分析した。また、砂防堰堤施工箇所の上流および周辺状況の現地調査を砂防学の専門家に同行してもらいながら実施した。この知見とともに、「土石流による労働災害防止のためのガイドライン」に基づき、監視体制と非常時の避難場所を含めた安全管理計画を検討した。

（3）現場で実施した対応処置とその評価
　　現場では、監視人を配置するとともに、上流部に雨量、水位などの気象観測センサーと、崩壊箇所に3基の土石流警戒センサーを設置するという対応処置を講じた。
　　堰堤構築後の河床整理時に日雨量100mmの降雨があり、土石流警戒センサーが作動するという場面があったが、速やかに重機を所定の場所へ避難させ、最終的に安全に完成することができた。
　　このような対応処置により、安全に工事を完成できたことは有効な処置であったと評価できる。

[設問 1]

（1）工事名
　一級河川○○川治水対策
工事

（2）工事の内容
① 発注者名
　○○県○○土木センター

② 工事場所
　○○県○○市○○地先

③ 工　期
　令和○年9月○日〜
　令和○年3月○日

④ 主な工種
　護岸工

⑤ 施工量
　ブロック張り護岸、
　仮締切工
　延長444m、のり長3.3m

（3）工事現場における施工
管理上のあなたの立場
　現場監督

[設問 2]

（1）具体的な現場状況と特に留意した技術的課題
　本工事は、一級河川○○川におけるコンクリート護岸によるのり面補強を目的とした工事であった。
　非出水期の工事ではあったが、河川堤外地への仮締切工を実施したところ、想定されていたよりも湧水量が多く、当初設計どおりでは基礎コンクリートの施工が困難となっただけでなく、浸食や崩壊といった施工上の安全性確保にも技術的な課題があった。

（2）検討した項目と検討理由および検討内容
　仮締切工における湧水による課題を解決し、工事の安全確保のため、次のことを検討した。
①仮締切工の施工場所は砂質分の多い条件であることがわかり、より効果的な排水対策が必要なことから、水中ポンプの大型化と送水管について検討した。
②仮締切設置位置やのり尻などにおける地盤の安定性確保対策が必要なため、土のうなどの設置を検討した。
③仮締切工や堤防周辺の定期的な安全点検方法を検討した。

（3）現場で実施した対応処置とその評価
　本工事では、次の対応処置を実施した。
①水中ポンプ4台とφ200mmのサクションホースを用い、効率的な排水処理ができた。
②大型土のう3段積みによる対策を実施し、浸食や崩壊を防止できた。
③始業時・終業時、作業時間帯に目視による安全確認を実施した。
　以上の対応処置により、浸食や崩壊などを発生させることなく、安全に工事を完成できたことは、大いに評価できる。

経験記述問題編

[設問1]

（1）工事名
　令和○年度○○港防潮堤
　工事

（2）工事の内容
① 発注者名
　○○県○○港湾事務所

② 工事場所
　○○県○○市○○港

③ 工　期
　令和○年5月○日～
　令和○年3月○日

④ 主な工種
　防潮堤工

⑤ 施工量
　逆T型現場打ち防潮堤
　総延長L＝2100m
　（H＝2.4m）

（3）工事現場における施工
管理上のあなたの立場
　現場代理人

[設問2]

（1）具体的な現場状況と特に留意した技術的課題
　2011年に発生した東日本大震災の津波で被災した港湾内に新たに設置することになった防潮堤の工事であった。
　地域の環境特性として、海岸沿い特有の強風などといった自然条件や、地震や津波などといった災害に対しての安全管理対策が重要であり、被災の実状をふまえた効果的な安全管理と安全対策が技術的課題であった。

（2）検討した項目と検討理由および検討内容
　基本となるのは、関係する法令・基準に基づく安全管理であることを理由に、次の検討を行った。
①地震の警戒基準は震度4以上で直ちに作業を中止。作業員を安全な場所に避難させ、津波到達時間の予測30分以内の場合などは、○○市「津波避難施設の整備に関する基本的考え方」などに基づく避難計画を検討した。
②強風の警戒基準（10分間の平均風速が10m/秒）での作業を中止。安全を確保しながら使用機材、安全施設の飛散や転倒によって発生する第三者災害の防止措置を図る検討を行った。

（3）現場で実施した対応処置とその評価
　検討の結果から、次の対策処置を実施した。
・現場隣接倉庫管理者の協力のもと、垂直避難の場所となる屋上の確保と非常階段入口部に案内板を設置。
・地震津波警報などの受信機の現場事務所への設置。作業中でも警報を受信できる機器を携行。
・風速計1基と、吹流しを作業現場近くに2基設置し、ほぼ水平になる状態を基準値の目安とした。
　関係者の協力も得ながら多方面の危険性に対処し、事故ゼロでの工事完了は大いに評価できる。

[設問 1]

（1）工事名
　　令和○年度○○市汚水幹
線外工事

（2）工事の内容
① 発注者名
　　○○市上下水道局

② 工事場所
　　○○県○○市
　　○○地区○○

③ 工　期
　　令和○年5月○日～
　　令和○年2月○日

④ 主な工種
　　・下水管布設工
　　・配水管布設工

⑤ 施工量
　　・下水管 VU φ200mm
　　　L=1,240m、
　　　マンホール 45 基
　　　配水管
　　　DIP φ75～150mm
　　　L=1,110m

（3）工事現場における施工
管理上のあなたの立場
　　現場主任

[設問 2]

（1）具体的な現場状況と特に留意した技術的課題
　この工事は、○○市の山間部○○地区において、開削工法によって下水道本管を布設する工事であった。現場は、幅員の狭い道路で、上水道管（配水管）の布設替えを同時に実施することになっていた。
　管路全体の20%にあたる250mの区間は、袋小路で急勾配の狭い道路だったことから、沿線住民の安全な通行の確保を技術的課題とした。

（2）検討した項目と検討理由および検討内容
　う回路を設けることができない状況下で、沿線住民の安全な通行確保を理由とし、検討を行った。
　着工前の工事説明会で、事故防止上特に留意すべき住民を把握したところ、現場周辺は高齢化が進んでいる地区であり、75歳以上の高齢者の割合が2割強であることがわかった。このことをふまえて、沿線の全住民を対象に安全通行を確保する方法として、次の3点を検討した。
　①安全な歩道幅員の確保
　②表示板による作業に関する掲示
　③1日の作業延長と効率の良い工区割り

（3）現場で実施した対応処置とその評価
　対応処置として通行止めの範囲および時間をできるだけ狭めるよう工区割りを工夫し、昼間に開削から管布設、埋戻しまでを実施し、仮復旧の後、夕方から翌朝までは道路を開放した。また、毎日の作業内容および作業時間を明示し、近所に臨時駐車場を確保して通行止め時に利用できるようにした。
　以上により、住民の理解も得られ、無事故で工事を完了できた。住宅地の袋小路での道路工事では、居住者の利便性および安全確保が課題であり、当業務での対応が有効であったと評価できる。

[設問1]

（1）工事名
　　○○橋梁工事（市道○○
　　線）

（2）工事の内容
① 発注者名
　　○○市役所建設部

② 工事場所
　　○○県○○市
　　○○地区○○

③ 工　期
　　令和○年5月○日～
　　令和○年3月○日

④ 主な工種
　　橋梁上部（PC橋）工

⑤ 施工量
　　ポストテンション方式
　　T桁橋
　　橋長 L=27.8m、
　　幅員 W=10.5m
　　N=6本

（3）工事現場における施工
管理上のあなたの立場
　　主任技術者

[設問2]

（1）具体的な現場状況と特に留意した技術的課題
　　本工事は、○○県○○市の一級河川○○川を渡河する道路橋の新設工事であった。
　　現場では、まず計画道路敷に設けた桁製作ヤードでポストテンションT桁を製作し、その後200tクレーンにて橋台背面から架設するものであるが、移動式クレーンの転倒による労働災害が増えていることもあり、移動式クレーン作業時の安全管理を重要な技術的課題とした。

（2）検討した項目と検討理由および検討内容
　　現場の状況から、移動式クレーンの転倒原因には、以下のようなケースが考えられた。
・安全度を超えた過荷重による転倒
・アウトリガー張出し部の地盤の支持力不足による転倒
・アウトリガー張出し部が地下埋設物や側溝上に位置したことによる転倒
　　以上のケースをふまえ、吊上げ荷重と作業半径を精査しクレーンの選定を検討し、アウトリガー位置の地盤支持力調査の実施や、工事前の埋設物調査により、安全な施工方法を検討した。

（3）現場で実施した対応処置とその評価
　　検討の結果、次の対応処置を実施した。
①クレーンの作業半径と吊上げ荷重より、安定モーメントと転倒モーメントの比が1.15以上となるように安定度を計算しクレーンを選定した。
②平板載荷試験と簡易支持力測定器によってアウトリガー位置の地盤の支持力を確認し、支持地盤補強として t=25mm の敷鉄板を用いた。
　　大型クレーンに対する安全管理上の対応処置を実施して、安全に工事を完成できたことは有効な解決策であったと評価できる。

文例 18　安全管理 ／ 鉄道工事

[設問1]

（1）工事名
　　〇〇線〇〇駅改良工事

（2）工事の内容

① 発注者名
　　〇〇鉄道株式会社

② 工事場所
　　〇〇県〇〇市
　　〇〇駅構内

③ 工　期
　　令和〇年7月〇日～
　　令和〇年2月〇日

④ 主な工種
　　駅施設改良工

⑤ 施工量
　　場所打ち杭（TBH）
　　φ1100mm、N=4本
　　N薬液注入 V = 33m³

（3）工事現場における施工管理上のあなたの立場
　　現場代理人

[設問2]

（1）具体的な現場状況と特に留意した技術的課題
　　本工事は、〇〇駅構内の駅施設としてエレベータ新設のために線路近傍に場所打ち杭（φ1100mm）を打設するものだった。
　　事前の地質調査より杭頭部に砂部分が多いことがわかったため、杭施工時の孔壁防護を目的として、軌道に近接して薬液注入工を実施した。この薬液注入工の施工時における安全管理が技術的な課題であった。

（2）検討した項目と検討理由および検討内容
　　薬液注入工を施工する箇所は、線路近傍とホーム上であり、施工時には、軌道変状を回避し、線路閉鎖時間で施工をする必要があった。特に担当工区は線路閉鎖時間が短く1日当たりの作業時間が制限されており、全体工期も限られていた。
　　そこで、浸透注入による均質な改良が可能で、軌道変状のリスクが比較的小さく、さらに短い線路閉鎖時間の中で効率的な注入が可能な薬液注入工法を検討した。
　　また、安全補助手段として、軌道変位の計測管理についても実施を検討した。

（3）現場で実施した対応処置とその評価
　　検討した結果、多点注入工法を最適な薬液注入工法として採用した。
　　また、軌道計測工は、計測結果をリアルタイムに施工に反映するために、自動計測システムによる計測管理工を実施した。
　　このような対応処置により、軌道部の隆起などのトラブルを起こすことなく、安全に施工を完了できた。軌道への影響を抑えるための工法選定と、計測管理を組み合わせた対応処置は、構内工事での安全管理として有効な方策であったと評価できる。

[設問 1]

（1）工事名
　　県道○○線○○橋梁塗装
　　工事

（2）工事の内容
① 発注者名
　　○○県○○整備事務所

② 工事場所
　　○○県○○市○○地先

③ 工　期
　　令和○年6月○日～
　　令和○年1月○日

④ 主な工種
　　鋼橋塗装工

⑤ 施工量
　　非合成鋼プレートガーダー
　　橋
　　吊り足場設置面積
　　A = 360m²

（3）工事現場における施工
管理上のあなたの立場
　　現場監督

[設問 2]

（1）具体的な現場状況と特に留意した技術的課題
　　本工事は、主要地方道○○線の上空にかかる非合成単純鋼プレートガーダー橋の鋼橋塗装工事であった。
　　主要地方道の交通量は5000台／日と比較的多く、この道路上の橋梁において安全に作業するための吊り足場（橋梁防護工）を設置することが、安全管理上の技術的課題となった。

（2）検討した項目と検討理由および検討内容
　　道路管理者との協議で、昼間（8：30 ～ 17：00）の片側交互規制の許可を得ることができたので、昼間施工を前提として、橋梁点検車の使用を検討した。
　　施工の実施にあたっては、墜落防止や、作業員の安全確保のため橋梁点検車を用い、キャッチクランプにて単管のころがしと足場板による仮設の検討を行った。
　　また、作業床を確保した上で、とび作業員が足場上で安全に作業ができるような対策を検討した。
　　さらに、転落事故や、クランプなどの資機材の落下を防止するための転落防止対策を検討した。

（3）現場で実施した対応処置とその評価
　　現場では、片側交互規制内での作業のため、足場材の運搬車両や、橋梁点検車の作業スペースを確保した。また、φ12mmのワイヤロープを用い転落防止ネットの仮設を行うことで対応処置とした。
　　これにより、安全に作業するための吊り足場（橋梁防護工）を設置できた。
　　道路上空の工事において、より安全な方策を選定する安全管理を実施し、無事故で工事を終わらせたことは有効な解決策であったと評価できる。

文例 20 **安全管理 ／ トンネル工事**

[設問 1]

（1）工事名
　広域農道○○整備事業
　○○地区○工区

（2）工事の内容
① 発注者名
　○○県○○部○○支庁

② 工事場所
　○○県○○町○○地先

③ 工　期
　令和○年 6 月○日～
　令和○年 3 月○日

④ 主な工種
　山岳トンネル工

⑤ 施工量
　トンネル本体工
　（NATM 工法）
　トンネル延長 L=830m

（3）工事現場における施工
管理上のあなたの立場
　現場主任

[設問 2]

（1）具体的な現場状況と特に留意した技術的課題
　この工事は、○○県○○町における農道開設事業に伴う延長 830m のトンネルを新設するものであった。
　このトンネルの施工箇所は○○町と○○村を結ぶ基幹道路であり、ずり出しの運搬道路には一般車両の通行量も多いことから、工事による第三者への接触事故防止などが安全管理の技術的な課題となった。

（2）検討した項目と検討理由および検討内容
　特にトンネル出入り口付近においては道路の幅員が狭く、工事用車両と一般車両との接触事故の可能性が高いものと判断した。また、交通量が多い国道の通行にも対策が必要と考えられたため、以下の安全対策について検討を行った。
・工事期間中、往来が多いずり出し用ダンプトラックの国道通行に伴う一般車両との接触事故防止対策
・夜間工事中の工事用車両と一般車両との接触事故防止対策としてのドライバーの視認性確保

（3）現場で実施した対応処置とその評価
　検討の結果、次の対策処置を実施した。
　交通量が多い時間帯である 7 時から 8 時半、17 時から 18 時の通行を避けた。ダンプトラックには全車に無線を配備して予め定めた車両待避所で交差させた。また、出入り口付近の一般車両通行路に水銀ランプの照明を設置し、夜間でも水平面照度で 20 ルクスを確保した。
　結果として、一般車両からのクレームもなく、無事故で工事を完成することができたことから、有効的な解決策であったと評価できる。

経験記述問題 編

[設問 1]

（1）工事名
　令和○年度
　県道○○線○○地区災害
　復旧工事

（2）工事の内容

① 発注者名
　○○県○○建設事務所

② 工事場所
　○○県○○市○○地先

③ 工　期
　令和○年 11 月○日〜
　令和○年 7 月○日

④ 主な工種
　・補強土壁工
　・盛土工

⑤ 施工量
　・ジオテキスタイル
　　826m²
　・盛土 2,120m³

（3）工事現場における施工
管理上のあなたの立場
　現場監督

[設問 2]

（1）具体的な現場状況と特に留意した技術的課題
　この工事は、地すべりによって崩落した県道の災害復旧工事で、崩落した土砂を除去した後に補強土壁を設け、道路を復旧するものだった。
　現場では工事着手直後に新たな地すべりが発生し、大幅な設計変更が必要になった。
　着工も遅れたことから、当初計画より大幅に増加した土砂の効率的な運搬処分が、工程管理上の重要な技術的課題であった。

（2）検討した項目と検討理由および検討内容
　効率的な土砂運搬を理由に次を検討した。
　当初計画されていた残土処分場は、現場から15km離れた場所にあり、運搬処分に必要な日数は60日と計画されていた。しかし、工事着手後の地すべりによる影響で、工期短縮とともに新たな処分場確保が必要になった。
　そこで、道路の早期復旧を望む地元住民と連携を図り、処分地の変更も含めて発注者と協議し、より効率的な運搬処分の方策を検討した。具体的には、複数箇所に分散したとしても、より現場に近い位置に処分場を確保することを検討した。

（3）現場で実施した対応処置とその評価
　検討の結果、次のような対応処置を実施した。
・小規模ではあるものの現場から 0.3 〜 2.1km の近距離に新たな 4 か所の残土処分場を確保した。
・掘削、運搬の作業チームを複数班とした。
・処分場ごとに工程計画、運搬経路計画、経路沿い住民との綿密な協議後、運搬処分を実施した。
　その結果、処分日数は 30 日に半減でき、大幅な工期短縮により工期内に工事が完成できた。工事着手後の大きな状況変化に柔軟に対応策を検討、実施したことは、工程管理上有効だったと評価できる。

文例 **22** 工程管理 ／ 土地造成工事

[設問 1]

（1）工事名
　○○ニュータウン宅地造成工事

（2）工事の内容
① 発注者名
　○○県○○企業局

② 工事場所
　○○県○○市○○地先

③ 工　期
　令和○年 4 月○日〜
　令和○年 2 月○日

④ 主な工種
　擁壁工

⑤ 施工量
　逆 T 式擁壁 L = 66m
　コンクリート V=345m³

（3）工事現場における施工管理上のあなたの立場
　現場監督

[設問 2]

（1）具体的な現場状況と特に留意した技術的課題
　本工事は、大規模住宅地造成工事のうち、高さ 4.4m、延長 66m の逆 T 式擁壁工事を施工するものであった。
　当初設計どおりに現場打ち擁壁 6 ブロックの擁壁を順次構築していく計画であったが、梅雨や台風といった悪天候が重なり工程に遅れが生じる可能性があったため、工程短縮を図ることが技術的課題となった。

（2）検討した項目と検討理由および検討内容
　工程短縮を図ることを理由とし、以下のような検討を行った。
・現場打ち 6 ブロックの擁壁を 1 ブロックずつあけて 2 つに分けた。
・1、3、5 ブロックの 3 ブロック（1 次施工）を同時施工として、残りの 2、4、6 ブロックの 3 ブロック（2 次施工）については、先行ブロック施工後に同時施工が行えるか、作業員や施工機械の配分を含めて検討した。
・1 次施工部の底板を施工後に、2 次施工の底板を施工する効率的な工程計画を検討した。

（3）現場で実施した対応処置とその評価
　現場において、次の対応処置を実施した。
　1 次施工の 3 ブロックは、底板部の配筋、型枠、コンクリート打設、養生、脱型を順次行い、続いて 2 次施工の 3 ブロックの施工に着手した。これと並行して、1 次施工の竪壁コンクリートを施工した。
　このような手順により、作業に要する延べ人数や資材量を変更せずに、工期内に工事を完成できた。
　擁壁の構造ブロックの施工順序の見直しによる工程短縮は、工程管理における有効な対応処置であったと評価できる。

[設問1]

（1）工事名
　　○○水路改築工事

（2）工事の内容

① 発注者名
　　○○県○○土木事務所

② 工事場所
　　○○県○○市○○地内

③ 工　期
　　令和○年10月○日～
　　令和○年6月○日

④ 主な工種
　　仮締切工

⑤ 施工量
　　鋼矢板 H=10m、
　　施工延長 L=155m

（3）工事現場における施工管理上のあなたの立場
　　現場代理人

[設問2]

（1）具体的な現場状況と特に留意した技術的課題
　　この工事は、既設水路中央の鋼矢板打込みにより、片側通水とし、もう片側の水路を構築する半川締切り工法による水路工事である。
　　水路構築の工事期間が12～5月末までと制限されていたが、この半川締切り鋼矢板の施工期間が水路改築工事の全体工程に大きく影響することから、仮設工である鋼矢板の施工における工期短縮が工程管理上の技術的課題だった。

（2）検討した項目と検討理由および検討内容
　　当初計画では、鋼矢板Ⅳ型 H=10m を使用予定だったが、施工枚数が375枚と多く、鋼矢板の工期短縮を図ることが全体工期の短縮につながるものと判断し、次のような検討を行った。
・従来の鋼矢板と比較して1.5倍の幅をもつ幅広鋼矢板（一枚の幅が60cm）を使用し、打ち込み枚数を低減することで工期短縮の可能性について検討を行った。
・複数台の鋼矢板打ち込み機械を使用する体制を導入することによる、工期短縮の可能性について検討を行った。

（3）現場で実施した対応処置とその評価
　　現場での対応処置として、幅広鋼矢板を採用することとした。従来の鋼矢板を用いた施工と比べ、幅広鋼矢板を使用することによって施工枚数を2／3に減少させることが可能となり、工期短縮につなげることができた。
　　さらに、鋼矢板打ち込み機械を2台使用の2班体制とすることにより、工期短縮を図る工程計画とすることができた。
　　このことは、対応処置が工程管理上、工期短縮に有効な方策であったと評価できる。

文例 24 工程管理 ／ 砂防工事

[設問 1]

（1）工事名

　令和○年度交付

　第○○号○○地区地すべ

　り対策工事

（2）工事の内容

① 発注者名

　○○県○○土木事務所

② 工事場所

　○○県○○郡

　○○町○○地内

③ 工　期

　令和○年 5 月○日〜

　令和○年 3 月○日

④ 主な工種

　集水・排水ボーリング工

⑤ 施工量

　集水ボーリング工

　φ90mm　L=100m/ 本

　n=20 本

　排水ボーリング工

　φ135mm　L=70m、

　n=1

（3）工事現場における施工

管理上のあなたの立場

　現場監督

[設問 2]

（1）具体的な現場状況と特に留意した技術的課題

　この工事は、○○地区における地すべりブロック内の地下水排除を目的として、既設の集水井（φ3500mm、深さ 55m）から横ボーリングにより 20 本の集水管を放射状に挿入する工事だった。

　ボーリングの削孔長が 1 本当たり 100m と長く、気象条件に伴う休工により 2 本削孔の時点で工程に 10 日の遅れが生じたことから、工程管理が技術的な課題となった。

（2）検討した項目と検討理由および検討内容

　この工事のなかでは、集水ボーリング 1 本当たりの削孔長が 100m と長く、ボーリングマシンにかかる負荷が大きかった。

　2 本削孔した時点で、ボーリングマシンが破損し、工程に 10 日の遅れが生じたため、工程調整のため次のような検討を行った。

①削孔地質が破砕帯であるためボーリングマシンの一部であるケーシングにかかる摩擦抵抗を低減させる方法を検討した。

②ボーリングマシンの故障時の作業時間のロス防止方策を検討した。

（3）現場で実施した対応処置とその評価

　工程確保のため、次のような対応処置をした。

①ボーリングマシン内に滑剤を注入することにより、エマルジョン効果を得て、ケーシングの摩擦抵抗を低減させることで、削孔速度を上げた。

②作業前におけるボーリングマシンの点検整備を徹底し、さらに予備ボーリングマシンも準備。

　結果としては、よりスムーズな削孔作業が確保できたほか、マシン故障による待機期間を大幅に短縮する成果により、当初工期から 7 日短縮でき、有効な解決策であったと評価できる。

文例 25　工程管理 ／ 砂防工事

[設問1]

（1）工事名
　平成○年度
　復旧治山事業第○○号
　工事

（2）工事の内容
① 発注者名
　○○県○○地域振興局

② 工事場所
　○○県○○郡
　○○村○○地内

③ 工　期
　平成○年6月○日～
　平成○年1月○日

④ 主な工種
　・土工、誘導堤工

⑤ 施工量
　・掘削土 36,000m³
　・誘導堤1基 4,500m³

（3）工事現場における施工
管理上のあなたの立場
　現場監督

[設問2]

（1）具体的な現場状況と特に留意した技術的課題
　本工事は、平成○○年10月の地震災害で甚大な被害を受けた○○川の復旧治山工事であった。
　この現場は、例年11月中旬には降雪のため作業不能となる厳しい気象条件であった。
　契約工期は1月末であったが、実質的には11月上旬で誘導堤工事を完成する必要があることから、多量の土砂の場内運搬作業工程の短縮が工程管理上の技術的課題であった。

（2）検討した項目と検討理由および検討内容
　技術的課題であった崩落土砂の運搬作業効率化のために、次のような検討を実施した。
　降雪期前までに工事を完了するには、一日の作業量を増やす必要があった。そこで、作業効率向上のため、大型重機の使用を検討した。当初は10tダンプによる運搬計画だったが、湧水と崩落土砂で施工現場が覆われており、安全な通路の確保が技術的課題であった。そのため、悪路でも走行可能で作業効率の向上も期待できる25t重ダンプの使用を検討した。さらに、重機の搬出入のため、現場までの通路である林道の拡幅を検討した。

（3）現場で実施した対応処置とその評価
　現場作業では、バックホウ1.2m³を用いて掘削、バックホウ1.5m³で積込みを行い、25t重ダンプによる土運搬を行う対応処置を実施した。その結果、ダンプの通行安全を確保しながら作業効率を改善し、当初計画より3割多い1日約1,000m³の土工事を行うことができた。これにより15日程度、工程を短縮して土砂の運搬作業を完了し、降雪期前に誘導堤構築を含む全作業を完了することができた。
　施工の迅速性が要求される災害復旧工事であり、工期短縮を達成できたことは評価できる。

[設問1]

（1）工事名
　平成○年度
　地すべり防止事業第○○
　号工事（ゼロ国債）

（2）工事の内容
① 発注者名
　○○県○○地方事務所

② 工事場所
　○○県○○郡
　○○村○○地内

③ 工　期
　平成○年6月○日〜
　平成○年1月○日

④ 主な工種
　谷止工

⑤ 施工量
　鋼製枠谷止工 V＝44.6t

（3）工事現場における施工
管理上のあなたの立場
　現場代理人

[設問2]

（1）具体的な現場状況と特に留意した技術的課題
　崩壊地末端部の河川に鋼製枠谷止工を設置し地すべりを抑止する工事を取り上げる。
　現場である施工場所の山腹のり面には、最近になって発生したと思われる亀裂が存在し、湧水なども散見されたことから地山における地すべりの滑動が懸念され、着工直後から予定していたとおりの鋼製枠谷止工の施工ができない状態となった。この遅れに対する工程管理が技術的課題であった。

（2）検討した項目と検討理由および検討内容
　地山の亀裂・湧水に対しては、観測、監視を行うために地すべり記録器の設置により、地すべり地山の移動量の観測を継続し、専門家の指導を得ながら地すべりの兆候が終息するのを待った。
　この間に、安全が確認された後の再開を前提に、工期内に完成させるため工期短縮を試みる工程再検討に取り組んだ。
　準備工、掘削、鋼材組立、詰石作業を再度ネットワーク化して細分化し作業効率を上げる工程を検討した。さらに施工場所までの資材運搬時間を短縮するための運搬路整備も検討した。

（3）現場で実施した対応処置とその評価
　検討の結果から、次の対応処置を実施した。
① 資材は不整地運搬車により600m小運搬する計画から、河川管理者の許可を得て仮設道路を設置して、小運搬にかかる時間短縮を図った。
② 詰石作業と同時進行で鋼製枠の仮組立てを行う工程とし、仮組立て用の労務者を3名増員して、同工程を14日間短縮したことで工期内に無事竣工できた。
　工期遅れの分析と的確な処置により、工期内に完成できたことは大いに評価できる。

文例 27 工程管理 ／ 公園工事

[設問1]

（1）工事名
　　○○市駅前公園整備工事

（2）工事の内容

① 発注者名
　　○○市役所

② 工事場所
　　○○県○○市○○地内

③ 工　期
　　令和○年6月○日～
　　令和○年3月○日

④ 主な工種
　　広場造成工

⑤ 施工量
　　敷地造成 V = 4,800m³
　　駐車場舗装 A = 6,000m²

（3）工事現場における施工
管理上のあなたの立場
　　現場主任

[設問2]

（1）具体的な現場状況と特に留意した技術的課題
　　本工事は、○○県○○市の○○鉄道○○駅前に新設された都市公園の建設工事であった。この現場に隣接して大型商業施設などが立地していた。
　　公園内の園路広場工事、排水路工事、遊具設置工事、植栽工事、管理棟建築工事などが同時期に分離発注され、限られた工期内で、同時進行する各社の施工と作業エリア区分の調整が複雑となり、受注各社との綿密な工程調整が技術的な課題となった。

（2）検討した項目と検討理由および検討内容
　　造成工のために必要となる大量の土砂搬入に伴うダンプ車両の通行が、隣接する大型商業施設へ出入する一般車両と混在し、周辺道路の渋滞抑制対策が必要となった。
　　また、敷地造成を部分的に完了させながら、完了エリアごとに地下埋設物の施工や遊具基礎工などの施工を実施する必要があった。このため施工関係各社をはじめ、道路管理者、地元自治会、商業施設関係者を含めた協議会を組織し、総合的な全体工程を検討した。また、初期の敷地造成の効率化と、その後の同時進行可能な工程を検討した。

（3）現場で実施した対応処置とその評価
　　造成工事の短縮のためにはダンプ車両による運搬を増強する必要があったが、一般車両の渋滞が予想される週末、祝祭日の土砂搬入を避けた。そのため、協議会での調整により平日の早朝4～7時のダンプ車両の増車により時間当たりの搬入量を増やすこととし、日中の台数を減らした。
　　これにより初期の敷地造成の効率化が図れ、その後も各社間で相互工程の確認調整を行いながら、トラブルもなく工期内に工事を完成できたことは、工程管理に有効な方策であったと評価できる。

[設問1]

（1）工事名
　〇〇鉄道〇〇線横断水路
　工事

（2）工事の内容
① 発注者名
　〇〇鉄道株式会社

② 工事場所
　〇〇県〇〇市〇〇区間

③ 工　期
　令和〇年5月〇日〜
　令和〇年8月〇日

④ 主な工種
　軌道下横断構造物設置工

⑤ 施工量
　横断管（CSB管）、
　φ600mm　L=12.0m

（3）工事現場における施工
管理上のあなたの立場
　現場監督

[設問2]

（1）具体的な現場状況と特に留意した技術的課題
　この工事は、〇〇市の〇〇鉄道〇〇線における
〇〇駅〜〇〇駅間の軌道横断構造物の設置工事で
あった。
　施工基面から土被り300mmの位置にφ600mm
のCSB管L=12.0mを敷設するものであり、線路
閉鎖時間の23：40〜5：10の5時間30分の
間で、掘削、据付、埋戻しの作業を確実に実施す
るための工程計画が技術的な課題であった。

（2）検討した項目と検討理由および検討内容
　当日の作業時間を算出すると、指定された線路閉
鎖時間内で施工するためには、最も作業時間を要す
る水路を敷設するための掘削、埋戻しの土工作業を
短縮させる必要があった。このため、以下の3案に
ついて比較検討し、最適案を選定した。
案1）線路を破線せずに軌陸バックホウで掘削、水
　　　路構築、埋戻しする「軌陸バックホウ案」
案2）線路を破線し大型バックホウで掘削、水路構築、
　　　埋戻しする「破線・大型バックホウ案」
案3）簡易工事桁を架設し、線路内に掘削土留め工
　　　を設置し、別の日に水路構築する「工程延長案」

（3）現場で実施した対応処置とその評価
　この線区は非電化区間であり、現場条件として線
路上空に吊り架線、トロリー線などの電車線がな
かったことから、線路を破線して0.7m³級バックホ
ウで掘削、埋戻しする案が工程的にも経済的にも有
利となった。
　このため現場での対応処置として、「破線・大型
バックホウ案」を採用することで、限られた線路閉
鎖時間内で求められる構造物の施工を完了する工程
計画を立案することができたことは、工程管理上有
効な処置であったと評価できる。

経験記述問題 編

文例 29 工程管理 ／ 橋梁工事

[設問1]

（1）工事名
　県道○○線○○橋梁架替え工事

（2）工事の内容

① 発注者名
　○○県○○土木事務所

② 工事場所
　○○県○○市○○地内

③ 工　期
　令和○年5月○日〜
　令和○年3月○日

④ 主な工種
　橋梁上部（PC橋）工

⑤ 施工量
　プレテンションT桁橋
　幅員 W = 9.5m

（3）工事現場における施工管理上のあなたの立場
　現場監督

[設問2]

（1）具体的な現場状況と特に留意した技術的課題
　○○鉄道○○線○○駅から○○駅間の、線路上空を跨ぐ県道○○線の橋梁工事を取り上げる。
　橋梁上部工は、プレテンション方式のT桁橋で、中間横桁部を場所打ちコンクリートで構築するものであった。
　しかし、線路の上空での施工となることから、制約時間内で効率的に作業するための工程管理が技術的課題であった。

（2）検討した項目と検討理由および検討内容
　線路上空での作業時間は、夜間のき電停止時間となる4時間30分と指定されており、作業空間や時間に制約があることから、吊り足場を設けた作業を極力避け、埋設型枠を用いた吊り足場不要方式により、現場での工程短縮を検討した。
　中間横桁を主桁上面から施工する計画とすることで、夜間の限られた線路閉鎖時間内での施工を避け、昼間に施工する計画も検討した。また、埋設型枠の材質に関しては、鋼板、プレキャストコンクリート板、硬質塩化ビニル板の3種類について比較検討を行い、最適な材質を選定した。

（3）現場で実施した対応処置とその評価
　対応処置としては、あらかじめ横桁の一部を製作しておくことで、場所打ち部を最小限にするとともに、主桁上面から吊りボルトで埋設型枠を設置した。
　埋設型枠は、比較検討の結果、工場製作のプレキャストコンクリート板（t=22mm）を用いることにより、線路上空での昼間作業が可能となり、工程と安全性を確保し、工期内に完成することができた。
　線路上空における埋設型枠による対応処置は、工程管理おける工期短縮につながり、有効な方策であったと評価できる。

文例 30　工程管理 ／ 橋梁工事

[設問1]

（1）工事名
　一級河川○○川○○橋架
　替工事

（2）工事の内容

① 発注者名
　○○県○○建設事務所

② 工事場所
　○○県○○市
　○○橋（一般県道○○線）

③ 工　期
　令和○年５月○日～
　令和○年３月○日

④ 主な工種
・橋脚工
・ニューマチックケーソ
　ン基礎工

⑤ 施工量
・橋脚コンクリート
　V＝819m³
・基礎コンクリート
　V＝1,950m³

（3）工事現場における施工
管理上のあなたの立場
　現場監督

[設問2]

（1）具体的な現場状況と特に留意した技術的課題
　この工事は、一級河川○○川に架かる○○橋架
替えに伴う、河川内の流水範囲における橋梁下部
工であった。
　河川区域内で実施する作業のため、河川管理者
から、11月から３月までの非出水期間に橋脚工事
を終えることが要求された。そのため、限られた
工期内で、異常出水時などにも作業を可能にする
ことが工程管理上の重要な技術的課題であった。

（2）検討した項目と検討理由および検討内容
　異常出水などでの休工を減らし、作業可能日数を
確保するという理由から、本工事では専用の新たな
作業用通路を検討することとした。
　河川内での橋脚施工では、流水部を横切って作業
用通路を構築する必要があった。当初計画ではコル
ゲートパイプと大型土のう併用の築堤構造となって
いたが、異常出水が生じた場合には作業不能となり、
流失の危険もあった。また、築堤工法の場合、土砂
搬入・搬出時の河川汚濁も懸念された。これらの課
題を解決するため、河川の増水に影響されることな
く作業可能な鋼製仮桟橋の設置を検討した。

（3）現場で実施した対応処置とその評価
　現場の対応処置として、油圧式バイブロハンマで
支持杭を打設し、鋼製仮桟橋を施工した。
　鋼製仮桟橋により、河川増水に影響されることな
く施工することができた。また、土砂の搬入・搬出
の量を大幅に減少させ、水質汚濁を防止することが
できた。これにより、要求されていた３月末までに、
橋脚工事を終了することができた。
　本業務の対応処置は、工程管理上有効であったが、
安全管理や環境保全の観点からも総合的に評価でき
るものであり、業務成績点も高評価だった。

経験記述問題編

基礎・応用 記述 編

1章 土 工

1-1 盛 土

アドバイス

盛土の締固め管理は、4章品質管理を参照

1. 盛土材料

盛土材料の選定

　盛土材料は、工事を経済的に進める観点からも現場内、もしくはできるだけ現場の近くにある土砂が使用される。最近では、近いところから適当な材料を調達することが難しくなり、遠方から運搬せざるを得ないことも増えている。

　使用する材料の良否が、そのまま施工の難易や、完成後の安定性に影響することから、総合的な判断が求められる。そのため、ベントナイト、蛇紋岩風化土、温泉余土、酸性白土、凍土、腐植土などは盛土材料として使用できない。

盛土材料に要求される一般的性質

- 施工機械のトラフィカビリティが確保できること
- 所定の締固めが行いやすいこと
- 締固め後にせん断強さが大きく、圧縮性（沈下量）が小さいこと
- 透水性が小さいこと（ただし、裏込め材、埋戻し材は、透水性が良く、雨水の浸透に対して強度低下しないこと）
- 有機物（草木など）を含まないこと
- 吸水による膨潤性が低いこと

建設発生土の利用

　環境保全の面から建設副産物の有効利用が望まれており、また良質な盛土材料が入手困難なこともあり、建設発生土の利用が推進されている。建設発生土は、コーン指数と工学的分類体系を指標として、第1種建設発生土〜第4種建設発生土および泥土の五つに分類されている。

建設発生土の有効利用と適正処理

- 高含水比の土は、なるべく薄く敷き均して十分な放置期間をとり、ばっ気乾燥、天日乾燥する。

- 支持力や施工性が確保できない材料は、現場内で発生する他の材料との混合や、セメントや石灰による安定処理を行う。
- 安定が懸念される材料は、盛土のり面勾配の変更、ジオテキスタイル補強盛土、サンドイッチ工法、排水処理や安定処理を行う。
- 安定や沈下などが懸念される材料は、障害が生じにくいのり面表面部や緑地などへ使用する。
- 有用な表土は、仮置きしておき、土羽土として有効利用する。
- 透水性の良い砂質土や礫質土は、排水材料として使用する。
- 岩塊や礫質土は、排水処理と安定性向上のため、のり尻部に使用する。

> **➡ 工作物の埋戻しに用いる発生土についての留意点**
> ・圧縮性が小さい。
> ・埋設物に悪影響を与えない。
> ・施工性が良く早期に所定の支持力が得られる。
> ・外力の作用により変形、流失しない。

2. 盛土の施工

盛土の安定性を高めるためには、締固めを十分に行い、均一な品質の盛土を作る必要がある。そのためには、高まきを避け、水平の層に薄く敷き均し、均等に締め固める必要がある。

◉ 敷均し厚さと締固め後の仕上がり厚さ

工　法		敷均し厚さ〔cm〕	締固め後の仕上がり厚さ〔cm〕
道路盛土	路体	35〜45 以下	30 以下
	路床	25〜30 以下	20 以下
河川堤防		35〜45 以下	30 以下

3. 特殊箇所への盛土

傾斜した地盤上や軟弱地盤上への盛土、構造物隣接箇所の盛土などでは、盛土完成後に段違いが生じたりき裂やすべりを生じやすい。

■ 特殊箇所への盛土の課題
- 適切な締固め機械による締固め作業がしにくい。
- 地山からの湧水、周辺からの浸透水が集まりやすく、含水比が大きくなりや

すい。

- 地山と盛土基礎地盤の支持力に差があり、不等沈下につながりやすい。
- 傾斜した地盤上では、地山と盛土の密着が不十分になりやすい。

傾斜地盤上への盛土

- 原地盤の傾斜が 1：4 よりも急な場合は段切りを行う。

  段切り：幅 1 m、高さ 50 cm 以内。段切り面は 4〜5％の勾配をつける。
- 地山からの湧水や周辺の雨水が集まりやすいので、施工中は排水に留意する。
- 切土との接続部や盛土体内に穴あき管などの排水管を設置し、排水する。
- 切土と盛土の境界は、すり付け切土勾配 1：4 程度でなじみを良くし、良質土で入念に締め固める。
- 切土のり面に近い山側の位置に地下排水溝を設け、切土のり面からの流水を排水する。

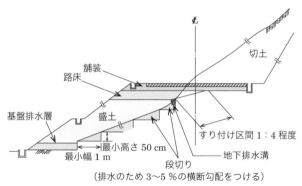

盛土基礎地盤の段切りと切土・盛土接合部の処理

軟弱地盤上への盛土

- 盛土荷重による圧密沈下量を予測して、盛土天端の高さを沈下量の分だけ余分に仕上げる余盛りにする。
- 天端高さの余盛りに合わせるため、のり面勾配を急にして仕上げる。

腹付け盛土

- 道路や堤防の既設の盛土を拡幅する腹付け盛土では、傾斜地盤上の盛土と同じように段切りを行い、境界部でのすべりを防止する。
- 腹付け盛土部分が沈下し、既設盛土と不等沈下を生じさせないように、良質な盛土材料を用いて、薄層で入念に締め固める。

構造物との接合部の盛土

- 構造物周辺の埋戻しなど、構造物との接合部で構造物との段差が生じないように、良質な材料を用いて薄層で入念に締め固める。
- 良質な盛土材とは圧縮性が小さく、透水性が良く、水浸による強度低下が少ない素材。
- 構造物に大きな偏土圧を急激に与えないように、薄層で両側から均等に締め固める。
- 構造物の隣接部や狭い場所であっても、小型の締固め機械を使用するなどにより入念な締固めを行う。
- 構造物周辺には雨水やたまり水が集まりやすいため、施工中の排水処理は十分に行う。
- 盛土内の水位上昇による間隙水圧の発生を防止するために、構造物壁面に沿って裏込め排水工や地下排水溝を設け、盛土外に排水する。

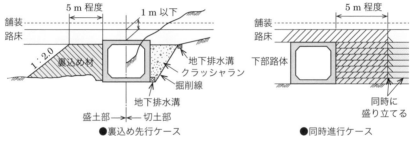

●裏込め先行ケース　　　　　●同時進行ケース

➡ ボックスカルバート裏込め工の施工例

➡ 構造物の裏込めに用いる発生土についての留意点
・締固めが容易で、圧縮性が小さい。
・透水性が良い。
・水の浸透に対して強度低下が少ない。

1-2 切 土

　自然状態の地盤は不均一に変化していることから、盛土地盤のように均一に仕上げることはできない。また、切土のり面は、時間の経過とともに不安定さが増す。このため、のり面の土質・地質、のり高、降雨などの気象条件や湧水などを考慮して、総合的な判断で切土のり面の勾配や形状を決定する。

切土の施工上の留意点

- 切土高が 5〜10 m 以上になる場合、小段を設ける。勾配の変換点、土質や岩質が変化する境界の位置にも小段を設けるとよい。

  小段：幅 1.0〜2.0 m。のり尻側に向かって 5〜10%の横断勾配をつける。
- のり面はく離や小段の肩が浸食を受けやすい場合は、流水がのり面を流下しないように、小段の横断勾配を逆勾配にして、山側に排水溝を設ける。
- 切土のり面から湧水のある場合は、排水溝を設けて排水する。
- のり肩部は、浸食を受けやすく植生も定着しにくいので、のり肩を丸くするラウンディングを行う。
- 岩質の仕上げ面では、凹凸を 30 cm 以下とする。
- 降雨による浸食を防止するために、軽微な場合はアスファルトを吹き付けたり、ビニルシートなどを用いて表面の流失を保護する。

1-3 のり面保護工

1. 植生工

　植生工は、のり面に植物を繁茂させることによって、のり面の表層部を根でしっかりしばり、安定させるものである。景観や環境保全の効果も期待できる。

植生工の代表例とその目的

主な工種	目　的
種子散布工 植生基材吹付工 植生マット工 張芝工	浸食防止 凍上崩壊防止 全面植生（全面緑化）
植生筋工 筋芝工	盛土のり面の浸食防止 部分植生
植生盤工 植生袋工 植生穴工	不良土、硬質土のり面の浸食防止

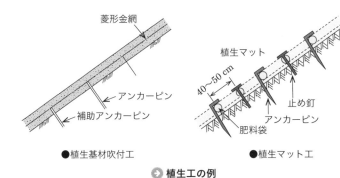

菱形金網

アンカーピン

補助アンカーピン

●植生基材吹付工

植生マット

40～50 cm

止め釘

アンカーピン

肥料袋

●植生マット工

❷ 植生工の例

2. 構造物によるのり面保護工

植物が生育困難で、植生工の適用できないのり面や、植生のみでは不安定となるのり面や、崩壊、はく落、落石などのおそれがあるのり面などは、人工的な構造物で保護する。

❷ 構造物によるのり面保護工の代表例とその目的

主な工種	目的
モルタル吹付工 コンクリート吹付工 石張工 ブロック張工 コンクリートブロック枠工 （中詰めが練詰め、ブロック張り）	■雨水の浸透を許さない ・風化防止 ・浸食防止
コンクリートブロック枠工 （中詰めが土砂や栗石の空詰め） 編柵工 のり面蛇かご工	■雨水の浸透を許す ・のり表層部の浸食や湧水による 　流失の抑制
コンクリート張工 現場打ちコンクリート枠工 のり面アンカー工	■ある程度の土圧に対抗できる ・のり表層部の崩壊防止 ・多少の土圧に対する土留め ・岩盤はく落防止

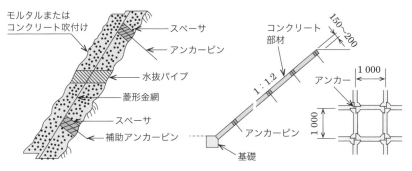

モルタルまたは
コンクリート吹付け

スペーサ

アンカーピン

水抜パイプ

菱形金網

スペーサ

補助アンカーピン

●モルタル吹付工、コンクリート吹付工

コンクリート部材

150～200

1：1.2

アンカー

1 000

1 000

アンカーピン

基礎

●プレキャストのり枠（コンクリートブロック枠工）

❷ 構造物によるのり面保護工の例

1-4　軟弱地盤対策工

1. 軟弱地盤の判定

　軟弱地盤は、粘性土や有機質土からなる含水量の極めて大きい軟弱な地盤、砂質土からなるゆるい飽和状態の地盤である。

　軟弱地盤の判定（粘性土の場合）

標準貫入試験 N 値	コーン貫入試験 q_c（kN/m²）	盛土の安定、沈下
$N>4$	$q_c>250$	沈下、安定について問題ない
$4>N>2$	$250>q_c>125$	特に高い盛土では安定性が問題になることもあるが、安定、沈下についての一応の検討が必要
$2>N$	$125>q_c$	安定および沈下に対しての十分な調査が必要

2. 軟弱地盤対策工の種類と効果

　軟弱地盤を処理するためは、対策工の目的や効果に応じた適切な工法を採用する必要がある。

　軟弱地盤対策工の目的と効果

目　的	効　　果	区分
沈下対策	圧密沈下の促進 地盤の沈下を促進して、残留沈下量を少なくする	A
	全沈下量の減少 地盤の沈下そのものを少なくする	B
安定対策	せん断変形の抑制 盛土によって周辺の地盤がふくれ上がったり、側方移動したりすることを抑制する	C
	強度低下の抑制 地盤の強度が盛土などの荷重によって低下することを抑制し、安定を図る	D
	強度増加の促進 地盤の強度を増加させることによって、安定を図る	E
	すべり抵抗の増加 盛土形状を変える、地盤の一部を置き換えるなどによって、すべり抵抗を増加し安定を図る	F
地震時対策	液状化の防止 液状化を防ぎ、地震時の安定を図る	G

軟弱地盤対策工の種類と効果

分類	工 法	区分						
		A	B	C	D	E	F	G
表層処理工法	敷設材工法、表層混合処理工法、表層排水工法、サンドマット工法			◎	○	○	○	
緩速載荷工法	漸増載荷工法、段階載荷工法				○	◎		
押え盛土工法	押え盛土工法、緩斜面工法				○		◎	
置換工法	掘削置換工法、強制置換工法		○				◎	○
荷重軽減工法	軽量盛土工法		◎		◎			
載荷重工法	盛土荷重載荷工法（プレローディング工法）、地下水低下工法	◎			○			
バーチカルドレーン工法	サンドドレーン工法、カードボードドレーン工法（ペーパードレーン工法）	◎			○			
サンドコンパクションパイル工法	サンドコンパクションパイル工法	○	◎	○			◎	◎
振動締固め工法	バイブロフローテーション工法、ロッドコンパクション工法		○				○	◎
固結工法	深層混合処理工法		◎	○			◎	
	石灰パイル工法、薬液注入工法、凍結工法		◎				◎	

○：工法の効果　　◎：主効果

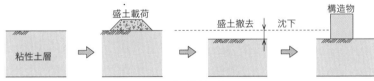

粘性土層　→　盛土載荷　→　盛土撤去 ↓ 沈下　→　構造物

●盛土荷重載荷工法

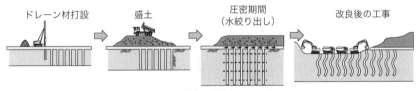

ドレーン材打設　→　盛土　→　圧密期間（水絞り出し）　→　改良後の工事

●サンドドレーン工法

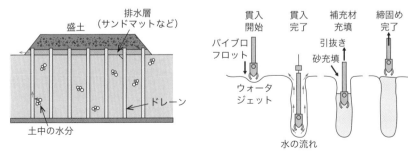

盛土　排水層（サンドマットなど）　ドレーン　土中の水分

●バーチカルドレーン工法

貫入開始　貫入完了　補充材充填　締固め完了
バイブロフロット　ウォータジェット　引抜き 砂充填　水の流れ

●バイブロフローテーション工法

軟弱地盤対策工の例

1-5　土留め・仮締切り

1. 土留め

- 開削工法により掘削を行う場合に、周辺にある土砂の崩壊防止と止水のために、土留めが設けられる。土留めは仮設構造物で、土留め壁と支保工で構成される。

● 土留め壁の種類と特徴

構　造	特　徴
親杭横矢板 親杭(H形鋼)	・親杭（H形鋼）を地中に設置。掘削とともに親杭間に土留め板を挿入して構築する ・施工は比較的容易で安い ・遮水性（止水性）はない
鋼矢板 鋼矢板	・鋼矢板の継手部をかみ合わせ、地中に連続して構築する ・施工は比較的容易。鋼管矢板、地中連続壁に比べると安い ・遮水性（止水性）がある
鋼管矢板 継手 鋼管	・鋼管矢板の継手部をかみ合わせ、地中に連続して構築する ・剛性が比較的大きい ・工事費は比較的高い ・遮水性（止水性）が良い
モルタル柱列壁 芯材(H形鋼)　ソイルセメント	・原地盤とセメントミルクを削孔混練機などで撹拌混合した柱体に、H形鋼などの芯材を挿入し、地中に連続して構築する ・騒音、振動が少ない ・適用地盤は比較的広い
地中連続壁	・安定液を使用して掘削した壁状の溝の中に鉄筋かごを建て込み、場所打ちコンクリートで連続して構築する ・剛性が高いので、大深度化に対応できる ・騒音、振動は少ない ・掘削時の泥水処理など、工事費は高い ・遮水性（止水性）が良い

種類	自立式土留め	切梁式土留め	アンカー式土留め	控え杭タイロッド式土留め
概念図	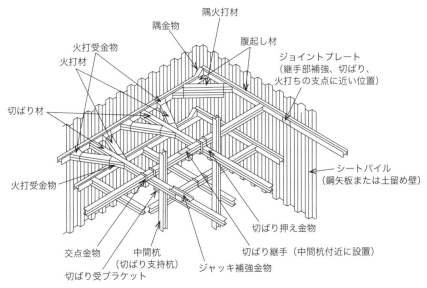			
概要	切ばり、腹起しなどの支保工を用いず、主として掘削側の地盤の抵抗によって、土留め壁を支持する工法である	切ばり、腹起しなどの支保工と掘削側の地盤の抵抗によって、土留め壁を支持する工法である	掘削周辺地盤中に定着させた土留めアンカーと掘削側の地盤の抵抗によって、土留め壁を支持する工法である	土留め壁の背面地盤中にH型鋼、鋼矢板などの控え杭を設置し、土留めとタイロッドでつなげ、これと地盤の抵抗により土留め壁を支持する工法である

■ 土留め支保工の構造

- 土留め支保工には、土圧、水圧のほか、周辺の活荷重・死荷重、衝撃荷重などさまざまな荷重が作用している。
- 覆工板を用いて覆うときは、覆工板からの鉛直荷重が杭に作用する。

基礎・応用記述 編

→ 土留め支保工の各部名称

（図中ラベル）隅火打材／隅金物／腹起し材／火打受金物／火打材／ジョイントプレート（継手部補強、切ばり、火打ちの支点に近い位置）／切ばり材／シートパイル（鋼矢板または土留め壁）／火打受金物／切ばり押え金物／交点金物／中間杭（切ばり支持杭）／切ばり受ブラケット／ジャッキ補強金物／切ばり継手（中間杭付近に設置）

2. 仮締切り

- 河川や湖沼、海などで、ある区域を排水して止水と土留めを行い、乾燥状態で工事を行うために用いる仮設構造物が**仮締切り**である。
- 水中に設置されることから、部材には水圧が作用することになる。
- 水圧に対する強度に加え、工事を容易にするためには<u>止水性</u>が必要となる。
- 仮締切りは、重力式と矢板式に大別される。

1-6 土工計画

1. 土量計算

　土量計算では、地山の状態、ほぐした状態、締め固めた状態のそれぞれに応じた土量を、土量の変化率（土量換算係数）を用いて計算する。

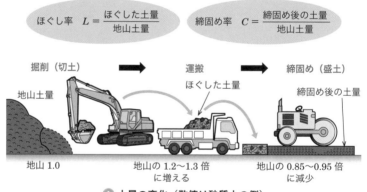

$$\text{ほぐし率} \quad L = \frac{\text{ほぐした土量}}{\text{地山土量}}$$

$$\text{締固め率} \quad C = \frac{\text{締固め後の土量}}{\text{地山土量}}$$

掘削（切土）　地山土量

運搬　ほぐした土量

締固め（盛土）　締固め後の土量

地山 1.0　　地山の 1.2〜1.3 倍に増える　　地山の 0.85〜0.95 倍に減少

➡ **土量の変化（数値は砂質土の例）**

■ 土量換算係数を使った計算

➡ **土量換算係数 f の値**

基準の q ＼ 求める Q	地山の土量	ほぐした土量	締め固めた土量
地山の土量	1	L	C
ほぐした土量	$1/L$	1	C/L
締固め後の土量	$1/C$	L/C	1

土量換算係数 f の使い方（$L = 1.2$、$C = 0.8$ のとき）

① 地山の土量が $1\,000\,\mathrm{m}^3$ のとき

→運搬土量（ほぐした土量）　　$1\,000 \times L = 1\,000 \times 1.2 = 1\,200\,\mathrm{m}^3$

→盛土の量（締め固めた土量）　$1\,000 \times C = 1\,000 \times 0.8 = 800\,\mathrm{m}^3$

② 運搬土量（ほぐした土量）が $1\,000\,\mathrm{m}^3$ のとき

→地山の土量　　　　　　　　　$1\,000 \times 1/L = 1\,000 / 1.2 \fallingdotseq 830\,\mathrm{m}^3$

→盛土の量（締め固めた土量）　$1\,000 \times C/L = 1\,000 \times 0.8 / 1.2 \fallingdotseq 670\,\mathrm{m}^3$

2. 配分計画

　土工では、切土によって発生した土をどの盛土に流用するか、または余った切土の処分、足りない盛土をどこの土取り場から運搬するか、などを決めることを土量配分という。

　土量の配分は、原則として「運搬土量 × 運搬距離」が最小になるように検討していく。道路などの路線で土工を行う場合は、土積図（マスカーブ）による方法が一般的である。

3. 土工機械

　掘削、運搬、敷均し、締固めなどの土工作業では、現場条件や施工方法に適した建設機械を選定する。

　短い距離の切土・盛土作業や軟岩の破砕、簡単な整地など、土工作業に最もよく活用されるのはブルドーザ工法である。

⬀ 運搬距離と適応する建設機械

運搬距離（m）	運搬機械の種類
60 以下	ブルドーザ
40〜250	スクレープドーザ
60〜400	被けん引式スクレーパ
200〜1 200	自走式スクレーパ（モータスクレーパ）
100 以上	ショベル系掘削機 トラクタショベル ┐ ダンプトラック

　また、ショベル・ダンプトラック工法は、トラクタショベルなどのショベル系掘削機で掘削・積込みし、ダンプトラックで運搬する工法で、工事規模の大小や土質、運搬距離の長短にかかわらず、ブルドーザ工法と同じように最もよく活用されている。

　工事現場が広く土工量がある程度まとまっている場合には被けん引式スクレーパ工法がある。運搬距離が $400\,\mathrm{m}$ 程度以内に有効。

　このように、運搬距離を考慮して運搬機械を選定することができるが、走行する勾配や作業場の広さなども考慮する必要がある。

演習問題でレベルアップ

《《《問題1》》》 盛土の品質管理における、**下記の試験・測定方法名①～⑤から2つ選び、その番号、試験・測定方法の内容および結果の利用方法をそれぞ**れ解答欄へ記述しなさい。

ただし、解答欄の（例）と同一内容は不可とする。※

① 砂置換法

② RI法

③ 現場CBR試験

④ ポータブルコーン貫入試験

⑤ プルーフローリング試験

※ 過去問出題文のまま。実際の解答用紙には例が提示されている。

解説

【解答例】 次の中から2つを選んで解答するとよい。

番号	試験名	試験・測定方法の内容	結果の利用方法
①	砂置換法	密度を計測するために掘った試験孔に、質量と体積のわかっている砂を入れて、孔に入った砂の体積と掘り出した土の質量から、掘り出した土の密度を調べる。	盛土の締固め管理
②	RI法	地盤に線源棒を挿入して、計器によって放射線（ガンマ線）を検出し、透過減衰を利用して、土の密度、含水比、空気間隙率を間接測定する。	盛土の締固め管理
③	現場CBR試験	現場の路床・路盤に、標準寸法の貫入ピストンを貫入させ、載荷重と沈下量の関係を計測することで支持力の大きさを判定する。	路床・路盤の支持力の判定
④	ポータブルコーン貫入試験	地盤にコーンペネトロメーター（先端の円錐コーン）を貫入させ、その時の貫入抵抗から土のコーン指数を求める	建設機械のトラフィカビリティ、浅い軟弱地盤の土質調査
⑤	プルーフローリング試験	仕上がった路床・路盤にダンプトラックなどの荷重車を走行させ、目視により路盤面の変形を確認する。	盛土の締固め管理、路盤面の平坦性、不良個所の有無

66　1章 土工

《《《問題 2》》》 下図のような切梁式土留め支保工内の掘削にあたって、**下記の**
項目①〜③から 2 つ選び、その番号、実施方法または留意点を解答欄に記述
しなさい。

ただし、解答欄の（例）と同一内容は不可とする。※
① 掘削順序
② 軟弱粘性土地盤の掘削
③ 漏水、出水時の処理

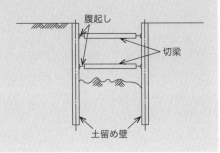

※ 過去問出題文のまま。実際の解答用紙には例が提示されている。

解説

🔳 切梁式土留め支保工内の掘削

【解答例】 次の中から 2 つを選んで解答するとよい。

番号	項　目	実施方法または留意点
①	掘削順序	掘削は、偏土圧が作用しないようにするため左右対称に行う。また、土留め壁の前面掘削開放による応力的に不利な状態を短時間にするために中央部分から掘削する。
②	軟弱粘性土地盤の掘削	土留め壁の根入れや剛性を確保し、掘削後は速やかに支保工を設置することにより、土留め壁背面の土の沈下などによるヒービングを防止するように留意する。
③	漏水、出水時の処理	掘削底面に釜場を設けて、ポンプにより湧水などを排除するほか、状況によっては薬液注入などの補助工法で漏水を防止する対策を講じる。

《《《問題3》》》建設発生土の現場利用のための安定処理に関する次の文章の
[   ]の（イ）～（ホ）に当てはまる**適切な語句**を解答欄に記述しなさい。

(1) 高含水比状態にある材料あるいは強度の不足するおそれのある材料を盛土
　　材料として利用する場合、一般に [（イ）] 乾燥などによる脱水処理が行われ
　　る。
　　　[（イ）] 乾燥で含水比を低下させることが困難な場合は、できるだけ場内で
　　有効活用をするために固化材による安定処理が行われている。

(2) セメントや石灰などの固化材による安定処理工法は、主に基礎地盤や
　　[（ロ）]、路盤の改良に利用されている。道路土工への利用範囲として主な
　　ものをあげると、強度の不足する [（ロ）] 材料として利用するための改良や
　　高含水比粘性土などの [（ハ）] の確保のための改良がある。

(3) 安定処理の施工上の留意点として、石灰・石灰系固化材の場合、白色粉末
　　の石灰は作業中に粉塵が発生すると、作業者のみならず近隣にも影響を与
　　えるので、作業の際は、風速、風向に注意し、粉塵の発生を極力抑えるよ
　　うにする。また、作業者はマスク、防塵 [（ニ）] を使用する。
　　　石灰・石灰系固化材と土との反応はかなり緩慢なため、十分な [（ホ）] 期間
　　が必要である。

▶解説◀

■ 建設発生土の現場利用のための安定処理

　(1) 高含水比状態にある材料あるいは強度の不足するおそれのある材料を盛
土材料として利用する場合、一般に(イ)天日乾燥などによる脱水処理が行われ
る。

　(イ)天日乾燥で含水比を低下させることが困難な場合は、できるだけ場内で有
効活用をするために固化材による安定処理が行われている。

　(2) セメントや石灰などの固化材による安定処理工法は、主に基礎地盤や
(ロ)路床、路盤の改良に利用されている。道路土工への利用範囲として主なもの
をあげると、強度の不足する(ロ)路床材料として利用するための改良や高含水比
粘性土などの(ハ)トラフィカビリティの確保のための改良がある。

　(3) 安定処理の施工上の留意点として、石灰・石灰系固化材の場合、白色粉末
の石灰は作業中に粉塵が発生すると、作業者のみならず近隣にも影響を与えるの
で、作業の際は、風速、風向に注意し、粉塵の発生を極力抑えるようにする。ま
た、作業者はマスク、防塵(ニ)眼鏡を使用する。

石灰・石灰系固化材と土との反応はかなり緩慢なため、十分な(ホ)養生期間が必要である。

【解答例】

(イ)	(ロ)	(ハ)	(ニ)	(ホ)
天日	路床	トラフィカビリティ	眼鏡	養生

〈〈〈問題4〉〉〉 切土のり面排水に関する次の(1)、(2)の項目について、それぞれ1つずつ解答欄に記述しなさい。

(1) 切土のり面排水の目的
(2) 切土のり面施工時における排水処理の留意点

解説

切土のり面の施工

【解答例】 それぞれ、次のようなポイントを盛り込んだ記述が考えられる。

(1) 切土のり面排水の目的

・のり面を流下する雨水など表面水によるのり面浸食を防止する。
・地下水などによるのり面などの不安定化を防止する。
・隣接地から流入する雨水や融雪などの表流水によってのり面が浸食されるのを防ぐ。

(2) 切土のり面施工時における排水処理の留意点

・切土のり面を滑らかに整形し、雨水などが湛水しないように素掘りの溝を設けるなどして、雨水などを排除する。
・自然排水が困難な状況となった場合は、集水ますに水を集めてポンプなどで排水する。
・排水先は、隣接地に影響を及ぼさないように配慮する。
・切土と盛土の接続区間では、盛土部に雨水が流入しないように、切土と盛土の境となる場所付近にトレンチを設けるなどの対策を講じる。

《《《問題5》》》軟弱地盤対策として、下記の5つの工法の中から**2つ選び、工法名、工法の概要および期待される効果**をそれぞれ解答欄に記述しなさい。
・サンドマット工法
・サンドドレーン工法
・深層混合処理工法（機械撹拌工法）
・薬液注入工法
・掘削置換工法

解説

■ 軟弱地盤対策工法

【解答例】　次の中から2つを選んで解答するとよい。

工法名	工法の概要	期待される効果
サンドマット工法	軟弱地盤の表面に厚さ0.5〜1.2 m程度の透水性の高い砂を敷き均し、上部排水を促進する。	・圧密の促進 ・トラフィカビリティの向上
サンドドレーン工法	軟弱地盤中に透水性の高い砂を垂直に打設し柱状にすることで排水性を確保し圧密を促進する。	・圧密の促進 ・地盤強度の増加
深層混合処理工法（機械撹拌工法）	セメントや石灰などの固化材を用いて、撹拌翼などにより軟弱地盤の内部まで撹拌混合させ、深層まで柱状またはブロック状に地盤を改良する。	・全沈下量の減少 ・すべり抵抗の増加 ・液状化防止　など
薬液注入工法	水ガラス系薬液などの注入材を地盤に注入し、その凝結効果により地盤を改良する。	・全沈下量の減少 ・すべり抵抗の増加　など
掘削置換工法	軟弱地盤の全部または一部を掘削、除去し、良質土に置き換える。	・全沈下量の減少 ・安定の確保　など

2章 コンクリート工

2-1 コンクリート材料

1. セメントと水

■ セメント

セメントは、ポルトランドセメントと混合セメントに大きく区分される。

- ポルトランドセメントには、普通、早強、超早強、中庸熱、耐硫酸塩という5種類がある。なかでも、養生期間5日の普通ポルトランドセメントが最も広く用いられている。工期を短縮する場合は、養生期間3日の早強ポルトランドセメントが用いられる。
- 混合セメントには、高炉セメント、シリカセメント、フライアッシュセメントの3種類がある。このうち、高炉セメントは海岸や港湾構造物、地下構造物に用いられる。

■ コンクリートに使用する水

- コンクリートを練るための水（練混ぜ水）は主に上水道水を使用する。鋼材を腐食させるような有害物質を含まない河川水、湖沼水、地下水、工業用水を用いることもある。
- 一般に、海水は使用してはならない。

2. 骨材

骨材は、セメントと水に練り混ぜる、砂、砂利、砕石、砕砂などの材料のことである。

- 細骨材：10 mm 網ふるいをすべて通過し、5 mm 網ふるいを重量で 85% 以上通過するもの。
- 粗骨材：5 mm 網ふるいに重量で 85% 以上留まるもの。

コンクリート用に用いる骨材は、配合設計で表面乾燥飽水状態（表乾状態）とする。

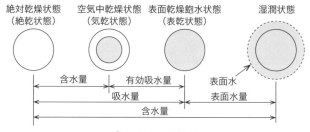

| 絶対乾燥状態 | 空気中乾燥状態 | 表面乾燥飽水状態 | 湿潤状態 |
| (絶乾状態) | (気乾状態) | (表乾状態) | |

含水量 — 有効吸水量 — 表面水
吸水量 — 表面水量
含水量

骨材の含水状態

➡ 粘土塊量

・骨材中に含まれる強度を持たない粘土の塊のこと。
・粘土塊が骨材に含まれると、コンクリート中で塊として残ることから弱点となり、強度や耐久性を低下させる。
・24 時間吸水後、指で押して細かく砕くことのできるものを粘土塊とする。

砂利、砂、砕石、砕砂の品質　（粘性塊量の場合）

品　質	砂利	砂	砕石	砕砂
粘土塊量〔%〕	≦0.25	≦1.0	－	－

3. 混和材料

・混和剤：使用量が少なく、それ自体の容積がコンクリートの練上げ容積に算入されないもの。
・混和材：使用量が比較的多く、それ自体の容積がコンクリートの練上げ容積に算入するもの。

▧ AE 剤、AE 減水剤の特徴

・ワーカビリティが改善される。
・単位水量、単位セメント量を低減させる。
・耐凍害性が向上する。
・ブリーディング、レイタンスを少なくする。
・水密性が改善される。

▧ 混和材の特徴

・ワーカビリティを改善し、単位水量を減らす。
・水和熱による温度上昇を小さくする。

2-2 コンクリートの配合

1. フレッシュコンクリート

　練り混ぜられてから、まだ固まらないコンクリートをフレッシュコンクリートという。フレッシュコンクリートの性質上、施工の各段階（運搬・打込み・締固め・表面仕上げ）での作業を容易に行えることが重要であり、その際に材料分離を生じたり、品質が変化したりすることのないことも重要である。

　コンクリートの作業性はワーカビリティと呼ばれ、コンシステンシー、プラスチシティ、フィニッシャビリティの3要素で表現される。

■ コンシステンシー

- 変形や流動に対する抵抗性のこと。
- スランプ試験により求めたスランプ値で定量的に表している。スランプ値が大きいほどコンクリートは軟らかく、コンシステンシーは小さい。

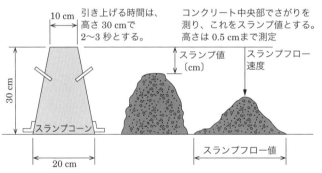

● スランプ試験

■ プラスチシティ

- 容易に型に詰めることができ、型を取り去るとゆっくりと形を変えるが、崩れたり、材料が分離したりしないようなフレッシュコンクリートの性質。
- コンクリートの粗骨材とモルタルの材料分離の抵抗性を示す概念となる用語である。

■ フィニッシャビリティ

- 仕上げのしやすさの程度を示すフレッシュコンクリートの性質。
- コンクリートの型枠への詰めやすさ、表面の仕上げやすさなどの概念となる用語である。

2. 配合設計

コンクリートに求められる品質は、硬化後の強度、耐久性、水密性のことである。この所要の品質を得るために、配合設計により使用する材料の使用割合を決める必要がある。

単位セメント量、単位水量

- 配合は、コンクリートの練上り 1 m³ の材料使用量で表す。その際に必要となる水の質量を単位水量、セメントの量を単位セメント量という。
- 単位水量の多いコンクリートは流動性が高いが、コンシステンシーは小さく、ワーカビリティは良くなるが、強度は小さくなる。

水セメント比

- 水セメント比（W/C）＝単位水量 W〔kg〕÷ 単位セメント量 C〔kg〕
- 水セメント比が小さいほど、強度、耐久性、水密性が向上する。
- 水セメント比が大きいほど、硬化後の組織が粗になり、耐久性に劣る。
- 水セメント比は、原則として **65%** 以下とする。

配合強度

- コンクリートの配合強度は、設計基準強度および現場におけるコンクリートの品質のばらつきを考慮する。

その他の条件

- 粗骨材の最大寸法の選定
- スランプ、空気量の選定
- 細・粗骨材量の算定
- 混和材料の使用量の算定

2-3 レディミクストコンクリート

1. レディミクストコンクリートの購入

　レディミクストコンクリートの呼び方は、コンクリートの種類、呼び強度、スランプまたはスランプフロー、粗骨材の最大寸法、セメントの種類で構成されている。これを指定して購入することができる。

■ 例

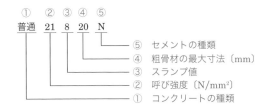

① コンクリートの種類
　　普通、軽量、舗装、高強度のいずれかを選定する。

② 呼び強度
　　圧縮強度の場合：$18 \sim 60 \ \mathrm{N/mm^2}$。コンクリートの種類に応じて表から選定する。
　　曲げ強度の場合：$4.5 \ \mathrm{N/mm^2}$。

③ スランプ値
　　一般に $5 \sim 21$ の範囲で、次ページの表などから選定する。

④ 粗骨材の最大寸法
　　$15 \sim 40 \ \mathrm{mm}$ の範囲で表から選定する。

⑤ セメントの種類
　　N：普通ポルトランドセメント　H：早強ポルトランドセメント　など

 アドバイス

　レディミクストコンクリートの受入検査は、4章品質管理を参照

基礎・応用記述 編

2-4 コンクリートの施工

1. 運搬

　コンクリートのコンシステンシー、ワーカビリティといった性状の変化が少なく、経済的に行うために、コンクリートの運搬時間は短いほうが良い。

練り混ぜてから打ち終わるまでの時間 ※標準示方書の規定。

- 外気温が **25℃を超えるとき**　**1.5 時間以内**
- 外気温が **25℃以下のとき**　　**2.0 時間以内**

JIS では練混ぜ開始から荷卸し地点到着までを 1.5 時間としている。

- 運搬中に著しい材料分離が見られた場合は、十分に練り直して均等質にしてから用いる。ただし、固まり始めたコンクリートは練り直して用いない。
- 打込みまでの時間が長くなる場合は、前もって遅延剤や流動化剤の使用を検討する。

現場までの運搬

- 一般には、トラックアジテータやトラックミキサが用いられる。
- トラックアジテータは、ドラム内に撹拌羽根があって、運搬中にゆっくりとドラムを回転させることで材料分離を防ぐ仕組みになっているので、長距離運搬に適している。
- 荷卸しする直前に、アジテータまたはミキサを高速で回転させると、材料分離を防止するうえで有効。
- 舗装コンクリートや RCD コンクリートのような硬練りのコンクリートを運搬する場合はダンプトラックを使用できる。この場合、練混ぜを開始してから 1 時間以内とし、比較的短距離区間の運搬とする。

現場内での運搬

コンクリートポンプ

- 輸送管の径や配管経路は、コンクリートの種類や品質、粗骨材の最大寸法、そのほか圧送作業の条件などを考慮して決める。
- 輸送管の径が大きいほど圧送負荷は小さくなるので、管径の大きい輸送管の使用が望ましい。ただし、配管先端の作業性が低下するので注意を要する。
- 配管の距離はできるだけ短く、曲がりの数を少なくする。

- コンクリートの圧送に先立ち、先送りモルタルを圧送し、コンクリートポンプや輸送管内の潤滑性を確保する。
- 圧送後の先送りモルタルは、使用するコンクリートの水セメント比以下とし、型枠内に打ち込まない。
- ポンプ圧送は連続的に行い、できるだけ中断しない。
  やむを得ず長時間中断する場合は、**インタバル運転**により閉塞を防止する。

シュート

- シュートを用いてコンクリートを卸す場合は、縦シュートを用いる。
  縦シュート下端とコンクリート打込み面の距離は 1.5 m 以下とする。
- やむを得ず斜めシュートを用いる場合は、水平 2 に対して鉛直 1 程度とし、材料分離が起きないようにするため、吐出し口には漏斗管やバッフルプレートを取り付ける。
- シュート使用の前後には水で洗う。
- シュート使用に先立ち、モルタルを流下させるとよい。

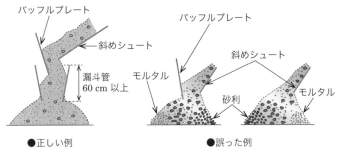

●斜めシュート使用時の注意点

2. 打込み

打込み準備

- 鉄筋、型枠などの配置が施工計画どおりかを確認する。
- 型枠内部の点検清掃を行う。
- 旧コンクリート、せき板面などの吸水するおそれがあるところに散水し、湿潤状態を保つ。
- 型枠内の水は、打込み前に取り除く。
- 降雨や強風についての情報を収集して、必要な対策を準備しておく。

📑 打込みにあたっての注意点

- 練り始めてから打ち終わるまでの時間

> 外気温が 25℃を超えるとき　　1.5 時間以内
> 外気温が 25℃以下のとき　　　2.0 時間以内

- 打込み作業中は、鉄筋や型枠が所定の位置から動かないように注意する。
- 打ち込んだコンクリートは、型枠内で横移動させてはならない。
- 打込み中に著しい材料分離が認められた場合には、中断して原因を調べ、材料分離を抑制する対策を講じる。
- 計画した打継目以外は、連続して打込みをする。
- 打上がり面がほぼ水平になるように打ち込む。

📑 打込み作業

- コンクリート打込みの 1 層の高さは、使用する内部振動機の性能などを考慮して 40〜50 cm 以下が原則。
- コンクリートを 2 層以上に分けて打ち込む場合、上層と下層が一体となるように施工。
- コールドジョイントが発生しないよう許容打重ね時間間隔などを設定。

◯ 打重ね時間の限度

外気温	許容打重ね時間間隔
25℃を超える	2.0 時間
25℃以下	2.5 時間

- 縦シュートあるいはポンプ配管の吐出口と打込み面までの高さは 1.5 m 以下を標準とする。
- 表面に集まったブリーディング水は、スポンジ、ひしゃく、小型水中ポンプなどの適当な方法で取り除いてからコンクリートを打ち込まなければならない。
- 打上がり速度は、一般に 30 分当たり 1.0〜1.5 m 程度が標準。
- コンクリートを直接地面に打ち込む場合には、あらかじめ均しコンクリートを敷いておく。

3. 締固め

■ コンクリートの締固め作業

- コンクリート打込み後、速やかに十分に締め固め、コンクリートが鉄筋の周囲や型枠の隅々に行きわたるようにする。
- コンクリートの締固めには、内部振動機（棒状バイブレータ）の使用が原則。
- 薄い壁など、内部振動機の使用が困難な場合には型枠振動機を使用してもよい。
- 型枠の外側を木槌などで軽打することも有効。
- コンクリートをいったん締め固めた後、適切な時期に再び振動を加えることにより、コンクリート中にできた空隙や余剰水が少なくなる。これにより、コンクリート強度や鉄筋との付着強度が増加し、沈下ひび割れの防止に効果がある。

■ 棒状バイブレータ使用の注意点

- 棒状バイブレータは、なるべく鉛直に挿入、挿入間隔は一般に **50 cm** 以下に挿し込んで締め固める。
- コンクリートを打ち重ねる場合、棒状バイブレータは下層のコンクリート中に **10 cm** 程度挿入する。

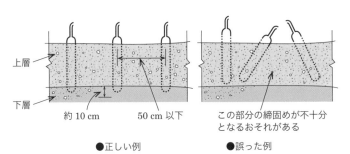

上層

下層

約 10 cm　　50 cm 以下　　この部分の締固めが不十分となるおそれがある

●正しい例　　　　　　　●誤った例

➡ 棒状バイブレータの扱い方

- 1か所当たりの振動時間は5〜15秒。
- 引抜きは徐々に行い、あとに穴が残らないようにする。
- 棒状バイブレータは、コンクリートを横移動させる目的に使用しない。

コンクリートの仕上げ作業

- コンクリートの仕上がり面は、木ごてなどを用いてほぼ所定の高さ、形に均した後、必要に応じて金ごてを用いて平滑に仕上げるのが一般的。
- 表面仕上げは、コンクリート上面にしみ出た水がなくなるか、または上面の水を取り除いてから行う。
- 仕上げ作業後、コンクリートが固まり始めるまでの間にひび割れが発生した場合は、タンピングまたは再仕上げによって修復する。
- 滑らかで密実な表面に仕上げる場合は、できるだけ遅い時期に金ごてで強い力を加えてコンクリート上面を仕上げるとよい。

4. 打継目

打継目の位置と方向

- 打継目は、できるだけせん断力の小さな位置に設ける。
  打継目の部材は、圧縮力の作用方向と直角にする。

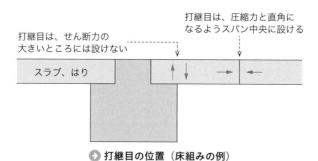

打継目は、せん断力の大きいところには設けない

打継目は、圧縮力と直角になるようスパン中央に設ける

スラブ、はり

⊙ 打継目の位置（床組みの例）

水平打継目の施工

- 水平打継目は、上層と下層を水平に打ち継ぐもの。
- 水平打継目の型枠に接する線は、できるだけ水平な直線にする。
- すでに打ち込まれたコンクリートの表面のレイタンス、品質の悪いコンクリート、緩んだ骨材を完全に除去し、粗な表面にする。
- グリーンカットは、十分に硬化していない状態のコンクリートの表面を、高圧の空気や高圧水、ブラシなどで表面を目荒らしする方法。
- コンクリートの打込み前に、型枠を確実に締め直す。
- 旧コンクリートは十分に湿潤にしておく。
- 新旧コンクリートの付着を良くするため、本体コンクリートと同等のモルタ

ル（水セメント比は、使用するコンクリートの水セメント比以下）を敷いて
から打ち継ぐ。

- 打継目の部材は、圧縮力の作用方向と直角にする。

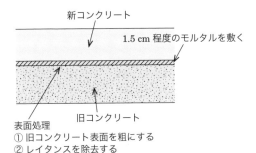

新コンクリート

1.5 cm 程度のモルタルを敷く

旧コンクリート

表面処理
① 旧コンクリート表面を粗にする
② レイタンスを除去する
③ 十分吸水させる（湿潤状態）

▶ **水平打継目の施工方法**

鉛直打継目の施工

- 鉛直打継目は、左右のコンクリートを一体とするために鉛直に打ち継ぐもの。
- コンクリートの打込み前に、型枠を確実に締め直す。
- すでに打ち込まれた硬化したコンクリートの打継面は、ワイヤブラシで表面を削るか、チッピングなどにより表面を粗にし、十分に吸水させておく。
- 打ち継ぐ直前に、セメントペースト、モルタル、湿潤面用エポキシ樹脂などを塗ることで一体性を高めることができる。
- コンクリートの打込みでは、打継面が十分に密着するように締め固める。
- 水密を要するコンクリートの鉛直打継目では、止水板を用いる。

5. 養生

　コンクリートを所定の品質（強度、水密性、耐久性）に仕上げるためには、硬化時に十分な湿度と適当な温度環境が必要で、外的な衝撃、有害な応力を与えないように配慮する必要がある。こうした環境下で管理することを養生という。

養生の主な目的

- 直射日光や風などからコンクリートの露出面を保護する。
- 衝撃や過分な荷重を加えないように保護する。
- 硬化に必要な温度を保つ。
- 十分に湿潤な状態を保つ。

種類	対象	方法	具体的な方法
湿潤状態に保つ	コンクリート全般	給水	湛水、散水、湿布、養生マットなど
		水分逸散抑制	せき板存置、シート・フィルム被覆、被膜養生剤など
温度を制御する	暑中コンクリート	昇温抑制	散水、日覆いなど
	寒中コンクリート	給熱	電熱マット、ジェットヒータなど
		保温	断熱材、断熱性の高いせき板など
	マスコンクリート	冷却	パイプクーリングなど
		保温	断熱材、断熱性の高いせき板など
	工場製品	給熱	蒸気、オートクレーブなど
有害な作用に対して保護する	コンクリート全般	保護	防護シート、せき板存置など
	海洋コンクリート	遮断	せき板存置など

湿潤養生期間の標準

日平均温度	普通ポルトランドセメント	混合セメントB種	早強ポルトランドセメント
15℃以上	5日	7日	3日
10℃以上	7日	9日	4日
5℃以上	9日	12日	5日

2-5 特別な考慮を要するコンクリート

1. 寒中コンクリート

　日平均気温が4℃以下になると予想されるときには、寒中コンクリートとしての措置をとらなければならない。

- 凝結硬化の初期に凍結させない。
- 養生後に想定される凍結融解作用に対して十分な抵抗性をもたせる。
- 凍結したり氷雪が混入したりしている骨材はそのまま使用せず、適度に加熱してから用いる。加熱は均等に行い、過度に乾燥させないこと。
- 材料の加熱は、水または骨材のみとし、セメントはどんな場合でも直接加熱してはならない。
- コンクリートの打設温度は5〜20℃を原則とする。
- 凍害を避けるために、単位水量をできるだけ減らし、AEコンクリートを使

用する。AE 剤などの効果は、単位水量を減らすことと、コンクリートの凍結融解の耐候性を高めることである。

- 養生は所定の強度が得られるまでは 5℃以上を保ち、その後も 2 日間は 0℃以上に保つ。

2. 暑中コンクリート

日平均気温が 25℃以上になるときには、暑中コンクリートとしての措置をとらなければならない。

- 材料や練混ぜ水は低温のものを使用する。
- コンクリートから吸水されそうな地盤や型枠などは十分な湿潤状態に保つ。
- 型枠、鉄筋などが日光を受けて高温となる場合は、散水や覆いなどを施す。
- コンクリート打設時の温度は 35℃以下とし、重要な構造物に用いるコンクリートはできだけ低い温度で打ち込む。
- 練り混ぜ始めてから、打ち終わるまでの時間は 1.5 時間以内とする。

3. マスコンクリート

マスコンクリートとは、部材あるいは構造物の寸法が大きなもの（橋台、橋脚、スラブ厚 80〜100 cm 以上、壁厚 50 cm 以上）のことである。セメントの水和熱によるコンクリート内部の温度上昇が大きいため、ひび割れを生じやすい。

- 中庸熱ポルトランドセメントや高炉セメント、フライアッシュセメントなどの低発熱形のセメントを使用する。
- AE 剤などの使用で水量を減らし、これにより単位セメント量を減らす。
- コンクリートの温度をできるだけ緩やかに外気温に近づけるため、必要に応じてコンクリート表面を断熱性の良い材料（スチロール、シートなど）で覆う、保温、保護により温度ひび割れを制御する。
- 打込み後の温度制御のため必要に応じてパイプクーリングを行う。

1. 鉄筋の加工

- 鉄筋は常温で加工する。
- 材質を害するおそれがあるため、曲げ加工した鉄筋を曲げ戻さない。
  施工継目の部分などでやむを得ず一時的に曲げておき、後で所定の位置に曲げ戻す場合、曲げ戻しをできるだけ大きな半径で行うか、加熱温度 900〜1 000℃程度で加熱加工する。
- 鉄筋は原則として溶接してはならない。
  やむを得ず溶接した場合は、溶接部分を避け、鉄筋直径の 10 倍以上離れたところで曲げ加工する。

2. 鉄筋の組立て

- 鉄筋を組み立てる前に清掃し、浮きさび、泥、油など、鉄筋とコンクリートの付着を害するおそれのあるものは除去する。
- 正しい位置に配置し、コンクリートの打込み時に動かないように十分堅固に組み立てる。
- 鉄筋の交差を直径 0.8 mm 以上の焼なまし鉄線、種々のクリップで緊結する。
  鉄筋の固定に使用した焼なまし鉄線やクリップは、かぶり内に残さない。
- 鉄筋とせき板との間隔はスペーサを用いて正しく保ち、かぶりを確保する。
- スペーサは適切な間隔で配置する。
  - はり、床版など：1 m^2 当たり 4 個程度
  - 壁、柱　　　　　：1 m^2 当たり 2〜4 個程度

3. 鉄筋の継手

- 鉄筋の継手位置は、できるだけ応力の大きい断面を避ける。
- 同一断面に継手を集めないように、継手の長さに鉄筋直径の 25 倍を加えた長さ以上にずらす。
- 継手部と隣接する鉄筋や継手とのあきは、粗骨材の最大寸法以上とする。
- 重ね継手の重ね合せ長さは、鉄筋直径の 20 倍以上。
- 継手には重ね継手のほか、ガス圧接継手、機械式継手、溶接継手などがある。

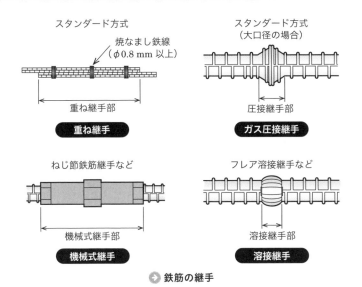

スタンダード方式

焼なまし鉄線
（φ0.8 mm 以上）

重ね継手部

重ね継手

スタンダード方式
（大口径の場合）

圧接継手部

ガス圧接継手

ねじ節鉄筋継手など

機械式継手部

機械式継手

フレア溶接継手など

溶接継手部

溶接継手

➡ 鉄筋の継手

2-7 型枠・支保工

1. 型枠の施工

- せき板内面には、はく離剤を塗布し、コンクリートが型枠に付着するのを防ぎ、型枠の取外しを容易にする。
- コンクリートの打込み前、打込み中に、型枠の寸法やはらみなどの不具合を確認し、管理する。
- 締付け金具のプラスチックコーンを除去した後の穴は、高品質のモルタルなどで埋めておく。

2. 支保工の施工

- 支保工の組立てに先立って、基礎地盤を整地し、所要の支持力が得られるように、また不等沈下などが生じないように適切に補強する。
- 支保工は、十分な強度と安定性を持つように施工する。
- コンクリートの打込み前、打込み中に、支保工の寸法、移動、傾き、沈下などの不具合を確認し、管理する。

アドバイス

　コンクリートのひび割れ、劣化や耐久性向上については、品質管理と関連させた出題が多いことから、4章品質管理で学習する。

演習問題でレベルアップ

《《《問題1》》》 コンクリートの施工に関する次の①～④の記述のすべてについて、適切でない語句が文中に含まれている。①～④のうちから2つ選び、番号、適切でない語句および適切な語句をそれぞれ解答欄に記述しなさい。

① コンクリート中にできた空隙や余剰水を少なくするための再振動を行う適切な時期は、締固めによって再び流動性が戻る状態の範囲でできるだけ早い時期がよい。

② 仕上げ作業後、コンクリートが固まり始めるまでの間に発生したひび割れは、棒状バイブレータと再仕上げによって修復しなければならない。

③ コンクリートを打ち継ぐ場合には、既に打ち込まれたコンクリートの表面のレイタンスなどを完全に取り除き、コンクリート表面を粗にした後、十分に乾燥させなければならない。

④ 型枠底面に設置するスペーサは、鉄筋の荷重を直接支える必要があるので、鉄製を使用する。

解説

コンクリートの施工

　①コンクリート中にできた空隙や余剰水を少なくするための再振動を行う適切な時期は、締固めによって再び流動性が戻る状態の範囲でできるだけ遅い時期がよい。

　②仕上げ作業後、コンクリートが固まり始めるまでの間に発生したひび割れは、タンピングと再仕上げによって修復しなければならない。

　③コンクリートを打ち継ぐ場合には、既に打ち込まれたコンクリートの表面のレイタンスなどを完全に取り除き、コンクリート表面を粗にした後、十分に吸水させなければならない。

　④型枠底面に設置するスペーサは、鉄筋の荷重を直接支える必要があるので、コンクリート製もしくはモルタル製を使用する。

【解答例】
次から2つ選んで解答する。

番号	適切でない語句	適切な語句
①	早い	遅い
②	棒状バイブレータ	タンピング
③	乾燥	吸水
④	鉄製	コンクリート製もしくはモルタル製

《《《問題2》》》コンクリートの養生に関する次の文章の ☐ の(イ)〜(ホ)に当てはまる**適切な語句**を解答欄に記述しなさい。

(1) 打込み後のコンクリートは、セメントの (イ) 反応が阻害されないように表面からの乾燥を防止する必要がある。

(2) 打込み後のコンクリートは、その部位に応じた適切な養生方法により、一定期間は十分な (ロ) 状態に保たなければならない。

(3) 養生期間は、セメントの種類や環境温度などに応じて適切に定めなければならない。日平均気温15℃以上の場合、 (ハ) を使用した際には、養生期間は7日を標準とする。

(4) 暑中コンクリートでは、特に気温が高く、また、湿度が低い場合には、表面が急激に乾燥し (ニ) が生じやすいので、 (ホ) または覆いなどによる適切な処置を行い、表面の乾燥を抑えることが大切である。

解説

■ コンクリートの養生

(1) 打込み後のコンクリートは、セメントの(イ)水和反応が阻害されないように表面からの乾燥を防止する必要がある。

(2) 打込み後のコンクリートは、その部位に応じた適切な養生方法により、一定期間は十分な(ロ)湿潤状態に保たなければならない。

(3) 養生期間は、セメントの種類や環境温度などに応じて適切に定めなければならない。日平均気温15℃以上の場合、(ハ)混合セメントB種を使用した際には、養生期間は7日を標準とする。

(4) 暑中コンクリートでは、特に気温が高く、また、湿度が低い場合には表面が急激に乾燥し(ニ)ひび割れが生じやすいので、(ホ)散水または覆いなどによる適切な処置を行い、表面の乾燥を抑えることが大切である。

【解答例】

(イ)	(ロ)	(ハ)	(ニ)	(ホ)
水和	湿潤	混合セメントB種	ひび割れ	散水

基礎・応用記述 編

《《《問題3》》》 コンクリートの混和材料に関する次の文章の □ の（イ）
〜（ホ）に当てはまる**適切な語句**を解答欄に記述しなさい。

(1) （イ） は、水和熱による温度上昇の低減、長期材齢における強度増進など、
優れた効果が期待でき、一般にはⅡ種が用いられることが多い混和材であ
る。

(2) 膨張材は、乾燥収縮や硬化収縮に起因する （ロ） の発生を低減できること
など優れた効果が得られる。

(3) （ハ） 微粉末は、硫酸、硫酸塩や海水に対する化学抵抗性の改善、アルカ
リシリカ反応の抑制、高強度を得ることができる混和材である。

(4) 流動化剤は、主として運搬時間が長い場合に、流動化後の （ニ） ロスを低
減させる混和剤である。

(5) 高性能 （ホ） は、ワーカビリティや圧送性の改善、単位水量の低減、耐凍
害性の向上、水密性の改善など、多くの効果が期待でき、標準形と遅延形
の2種類に分けられる混和剤である。

解説

■ コンクリートの混和材料

（1）（イ）フライアッシュは、水和熱による温度上昇の低減、長期材齢における
強度増進など、優れた効果が期待でき、一般にはⅡ種が用いられることが多い混
和材である。

（2）膨張材は、乾燥収縮や硬化収縮に起因する（ロ）ひび割れの発生を低減でき
ることなど優れた効果が得られる。

（3）（ハ）高炉スラグ微粉末は、硫酸、硫酸塩や海水に対する化学抵抗性の改善、
アルカリシリカ反応の抑制、高強度を得ることができる混和材である。

（4）流動化剤は、主として運搬時間が長い場合に、流動化後の（ニ）スランプロ
スを低減させる混和剤である。

（5）高性能（ホ）AE減水剤は、ワーカビリティや圧送性の改善、単位水量の低
減、耐凍害性の向上、水密性の改善など、多くの効果が期待でき、標準形と遅延
形の種類に分けられる混和剤である。

【解答例】

（イ）	（ロ）	（ハ）	（ニ）	（ホ）
フライアッシュ	ひび割れ	高炉スラグ	スランプ	AE減水剤

《《《問題4》》》コンクリートの打継目の施工に関する次の文章の 〔 〕 の（イ）
～（ホ）に当てはまる適切な語句を解答欄に記述しなさい。

(1) コンクリートを2層以上に分けて打ち込む場合、上層と下層が一体となる
　　ように施工しなければならない。また、許容打重ね時間間隔は、外気温
　　25℃以下では 〔 (イ) 〕 時間以内を標準とする。

(2) 〔 (ロ) 〕 が多いコンクリートでは、型枠を取り外した後、コンクリート表面
　　に砂すじを生じることがあるため、 〔 (ロ) 〕 の少ないコンクリートとなるよ
　　うに配合を見直す必要がある。

(3) 壁とスラブとが連続しているコンクリート構造物などでは、コンクリート
　　は断面の変わる箇所でいったん打ち止め、そのコンクリートの 〔 (ハ) 〕 が
　　落ち着いてから上層コンクリートを打ち込む。

(4) コンクリートの締固めにおいて、棒状バイブレータは、なるべく鉛直に一
　　様な間隔で差し込む。その間隔は、一般に 〔 (二) 〕 cm 以下にするとよい。

(5) コンクリートの養生の目的は、 〔 (ホ) 〕 状態に保つこと、温度を制御するこ
　　と、および有害な作用に対して保護することである。

解説

■ コンクリートの打継目の施工

　（1）コンクリートを2層以上に分けて打ち込む場合、上層と下層が一体となる
ように施工しなければならない。また、許容打重ね時間間隔は、外気温25℃以下
では（イ）2.5 時間以内を標準とする。

　（2）（ロ）ブリーディングが多いコンクリートでは、型枠を取り外した後、コン
クリート表面に砂すじを生じることがあるため、（ロ）ブリーディングの少ないコ
ンクリートとなるように配合を見直す必要がある。

　（3）壁とスラブとが連続しているコンクリート構造物などでは、コンクリート
は断面の変わる箇所でいったん打ち止め、そのコンクリートの（ハ）沈下が落ち着
いてから上層コンクリートを打ち込む。

　（4）コンクリートの締固めにおいて、棒状バイブレータは、なるべく鉛直に一
様な間隔で差し込む。その間隔は、一般に（二）50 cm 以下にするとよい。

　（5）コンクリートの養生の目的は、（ホ）湿潤状態に保つこと、温度を制御する
こと、および有害な作用に対して保護することである。

【解答例】

（イ）	（ロ）	（ハ）	（二）	（ホ）
2.5	ブリーディング	沈下	50	湿潤

〈〈〈問題5〉〉〉 コンクリートの打込み、締固め、養生における品質管理に関する次の文章の ▢ の（イ）～（ホ）に当てはまる**適切な語句**を解答欄に記述しなさい。

(1) 打継目は、できるだけせん断力の （イ） 位置に設け、打継面を部材の圧縮力の作用方向と直交させるのを原則とする。海洋および港湾コンクリート構造物などでは、外部塩分が打継目を浸透し、 （ロ） の腐食を促進する可能性があるのでできるだけ設けないのがよい。

(2) コンクリートを水平に打ち継ぐ場合には、既に打ち込まれたコンクリートの表面のレイタンス、品質の悪いコンクリート、緩んだ骨材粒などを完全に取り除き、コンクリート表面を （ハ） にした後、十分に吸水させなければならない。

(3) 既に打ち込まれ硬化したコンクリートの鉛直打継面は、ワイヤブラシで表面を削るか、 （ニ） などにより （ハ） にして十分吸水させた後、新しいコンクリートを打ち継がなければならない。

(4) 水密性を要するコンクリート構造物の鉛直打継目には、 （ホ） を用いることを原則とする。

解説

コンクリートの打込み、締固め、養生における品質管理

（1）打継目は、できるだけせん断力の（イ）小さい位置に設け、打継面を部材の圧縮力の作用方向と直交させるのを原則とする。海洋および港湾コンクリート構造物などでは、外部塩分が打継目を浸透し、（ロ）鉄筋の腐食を促進する可能性があるのでできるだけ設けないのがよい。

（2）コンクリートを水平に打ち継ぐ場合には、既に打ち込まれたコンクリートの表面のレイタンス、品質の悪いコンクリート、緩んだ骨材粒などを完全に取り除き、コンクリート表面を（ハ）粗にした後、十分に給水させなければならない。

（3）既に打ち込まれ硬化したコンクリートの鉛直打継面は、ワイヤブラシで表面を削るか、（ニ）チッピングなどにより（ハ）粗にして十分給水させた後、新しいコンクリートを打ち継がなければならない。

（4）水密性を要するコンクリート構造物の鉛直打継目には、（ホ）止水板を用いることを原則とする。

【解答例】

（イ）	（ロ）	（ハ）	（ニ）	（ホ）
小さい	鉄筋	粗	チッピング	止水板

3 章

施工計画

3-1　施工計画の立案

1. 検討の手順と内容

　施工計画は工事を開始する前に立案するものであり、工事の目的とする土木構造物を設計図書に定められた品質で、所定の工期内に、最小の費用で、しかも安全に施工するような条件と方法を検討する作業である。

> ➡ 最も経済的な施工計画を策定するためのポイント
> ・使用する建設機械設備を合理的に最小限とし、反復使用を考える
> ・施工作業の段取待ち、材料待ちなどの損失時間をできるだけ少なくする
> ・全工事期間を通じて、稼働作業員のばらつきを避ける

基礎・応用記述編

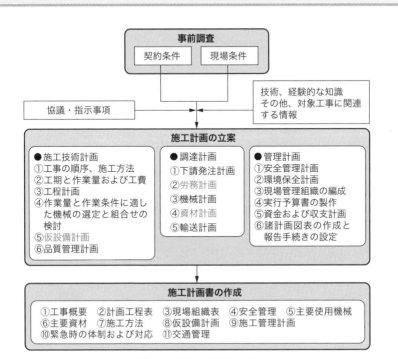

事前調査

| 契約条件 | 現場条件 |

協議・指示事項

技術、経験的な知識
その他、対象工事に関連
する情報

施工計画の立案

● 施工技術計画
①工事の順序、施工方法
②工期と作業量および工賃
③工程計画
④作業量と作業条件に適した機械の選定と組合せの検討
⑤仮設備計画
⑥品質管理計画

● 調達計画
①下請発注計画
②労務計画
③機械計画
④資材計画
⑤輸送計画

● 管理計画
①安全管理計画
②環境保全計画
③現場管理組織の編成
④実行予算書の製作
⑤資金および収支計画
⑥諸計画図表の作成と報告手続きの設定

施工計画書の作成

①工事概要　②計画工程表　③現場組織表　④安全管理　⑤主要使用機械
⑥主要資材　⑦施工方法　⑧仮設備計画　⑨施工管理計画
⑩緊急時の体制および対応　⑪交通管理

➔ 施工計画の立案と作成

設計図書には、完成すべき土木構造物の形状、寸法、品質などといった仕様が示されている。しかし設計図書には、どのようにして造り上げるかという施工方法について、特殊工法や指定仮設を用いる場合を除き、通常は施工者の任意として指示されていない。したがって、施工者は自らの技術と経験を活かして、いかなる手段で工事を実施するかを検討し、適切な施工計画を立案しなければならない。立案された施工計画は、施工計画書としてとりまとめ、発注者との協議に用いる。

2. 事前調査

施工計画を検討するためには、事前調査により必要な情報を収集しておく必要がある。事前調査は、契約条件の調査（契約書や設計図書など）と現場条件の調査（現場における測量など）がある。

これらに関しての疑問がある場合には、発注者への問合せや協議を行い、必要に応じて文書により明確にしておく必要がある。

契約条件

契約内容

- 数量の増減などといった変更の取扱い
- 資材、労務費の変動の際の変更の取扱い
- 事業損失、不可抗力による損害の取扱い
- 工事中止の際の損害の取扱い
- 瑕疵担保の範囲
- 工事代金の支払い条件

設計図書

- 図面、仕様書、施工管理基準など規格値、基準値
- 現場説明事項の内容
- 図面と現地との相違点の有無、数量などの違算の有無

その他

- 工事に関連、または影響する関連工事、附帯工事
- 現場に関係する都道府県や市町村の条例などとその内容
- 監督員の指示や協議事項、承諾など

▌現場条件

自然条件、気象条件

- 水文、気象のデータ
- 地形、地質、土質、地下水のデータなど

仮設備計画

- 動力源や工事用水の入手
- 仮設方法、施工方法、施工機械の選択など

資機材の把握

- 材料供給源、資機材の価格や運搬経路
- 労務の供給、労務環境、賃金の状況など

輸送の把握

- 道路状況、搬入路、運搬経費など

近隣環境

- 用地の確保、用地買収の進行状況
- 近隣工事の状況
- 騒音、振動など環境保全に関する指定や基準
- 埋蔵文化財や地下埋設物の状況
- その他工事に支障を生じる近隣環境の有無など

建設副産物、廃棄物処理

- 建設副産物や廃棄物の処理方法など

3. 仮設備計画

仮設備とは、工事の目的物を施工するために必要な工事用施設である。仮設備は、工事の目的物とする構造物でなく、あくまでも臨時的なものであるが、工事施工にとっては重要な設備である。

▌直接仮設備と間接仮設備

本工事の施工のために必要なものを直接仮設備といい、間接的な仮設建物関係などを間接仮設備または共通仮設と呼ぶ。

間接仮設備に含まれる現場事務所や宿舎は、工事の施工にとって大切な設備であり、機能的なものにする必要がある。特に宿舎設備などは、労働基準法などの関係法令の規定を遵守して諸設備を完備しなければならない。

基礎・応用記述編

仮設備の分類

仮設備の区分	設備の種類	
直接仮設備	工事に直接関係するもので足場、型枠、支保工、取付道路、各種プラントなどが該当する	
	① 締切	鋼矢板・H 鋼親杭横矢板、鋼管矢板、締切
	② 荷役	走行クレーン、クレーン、ホッパ、仮設桟橋
	③ 運搬	工事用道路、軌道、ケーブルクレーン、タワー
	④ プラント	コンクリート、アスファルト、骨材プラント
	⑤ 給水	取水設備、給水管、加圧ポンプ
	⑥ 排水	排水ポンプ設備、排水溝
	⑦ 給気	コンプレッサ、給気管、圧気設備
	⑧ 換気	換気扇、風管
	⑨ 電気	受電設備、高圧・低圧幹線、照明、通信
	⑩ 安全	安全対策用設備、公害防止用設備
間接仮設備	工事を間接的に支援するもので、現場事務所、宿舎、作業場、材料置場、倉庫、試験室などが該当する	
	① 仮設物	現場事務所、寄宿舎、倉庫
	② 加工	修理工場、鉄筋加工所、材料置場
	③ 調査・案内	調査試験室、現場案内所

任意仮設備と指定仮設備

　仮設備は、重要な施設として本工事と同様に扱われる指定仮設備と、施工業者の自主性に委ねられる任意仮設備に区分される。

- 一般的に指定仮設備は、工事内容に変更があった場合、その変更に応じた設計変更の対象になる。
- 任意仮設備は、一般に契約上では一式計上されるので、特に条件が明示されず、本工事の条件変更があった場合を除き設計変更の対象にはならない。
- 任意仮設備は、施工業者の創意と工夫、技術力が大いに発揮できるところでもあるので、工事内容、規模に対して過大あるいは過小とならないように適切なものを十分に検討し、必要かつむだのない合理的な設備としなければならない。

仮設備計画

- 合理的かつ経済的なものを基本として、設置すべき設備・設置方法と、期間中の維持・管理ならびに撤去、跡片付けも含めて検討する。
- 周辺地域の環境保全、建設事業のイメージアップなど、多面的な視点からの検討を十分に行い、快適な職場環境の実現と工事施工の安全性、効率性が発揮できるように計画する。

4. 関係機関への届出、手続き

　現場において建設工事に着手するにあたり、関係法令に基づき必要な書類を整えて関係機関に提出するなどの手続きを行う必要がある。

⟶ 関係機関への届出、手続き（例）

主な届出、手続きの内容	届出先
労働基準法などに基づく諸届（労働保険関係成立届など）	労働基準監督署長
労働安全衛生法で定める建設工事計画届	労働基準監督署長
騒音規制法、振動規制法に基づく特定建設作業実施届出書	市町村長
道路占用許可申請書	道路管理者
道路使用許可申請書	警察署長
電気設備設置届	消防署長
電気使用申込書	電力会社

5. 施工体制台帳、施工体系図

　建設業法において、特定建設業者の義務として施工体制台帳と施工体系図の作成が義務となっている。

▟ 施工体制台帳の作成

- 公共工事→施工体制台帳と施工体系図を作成しなければならない。
- 民間工事→この工事を施工するために締結した下請契約の請負代金の総額が4,500万円以上（建築一式工事にあっては、**7,000万円以上**）になるときは、施工体制台帳と施工体系図を作成しなければならない。
- 施工体制台帳は、すべての下請負業者の商号・名称、住所、建設業の種類、健康保険など加入状況、下請工事の内容・工期、主任技術者の氏名などを記載したもので、現場ごとに備え置かなければならない。
- 施工体系図は、作施工体制台帳のいわば要約版として樹状図などにより作成し、工事現場の見やすいところに掲示しなければならない。公共工事では、工事関係者が見やすい場所および公衆が見やすい場所に掲示しなければならない。

3-2 原価管理

1. 原価管理と三大管理要素

　原価管理は、予定した費用で工事が進捗しているかどうかをチェックし、予定の費用を超えている場合には必要な対策を講じ、適切な工事原価の推移を維持しながら工事を完成に導く管理項目である。

　原価管理の手順は、PDCA のデミングサークルと同様に、計画、実施、検討、処置プロセスを繰り返す管理作業である。

　原価管理の基本は、早期に実行予算を作成して工事完成時の利益を予測することにある。工事着手前に実行予算を作成するのであるから、その精度を高め、実行予算作成作業を能率的にするため、類似工事の実績をはじめとする自社、または関係者の情報を役立てるとよい。

　また、工程・品質・原価の三大管理要素を常に把握し、必要に応じて確認、修正しながら工事を進めていく。

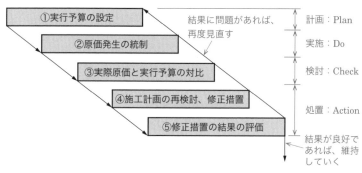

●原価管理の管理手順

2. 工程・品質・原価の関係

　工程、品質、原価の三大管理要素は、それぞれが独立したものではなく、相互に深い関連性をもっている。

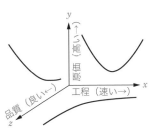

【工程と原価】
　最も適切な工程で施工するとき、最も原価が安くなる。この工程を最適工期という
・工程を速めるほど、必要とする機械、設備、作業員が増え、工事費用が増大する
・工程を遅らせると、金利や借用料金などの経費が増え、工事費用が増大する
【工程と品質】
　工程を速めるほど、品質は低下する
【品質と原価】
　品質を上げるほど、原価が高くなる

工程・品質・原価の関係

3. 最適工期

　工事にかかる直接費と間接費の合計が最小となる、最も経済的な工期を最適工期という。

　三大管理要素に安全管理を加えた管理を四大管理要素、または単に四大管理という。施工管理の目的は、施工計画に基づいた計画的な工事を遂行するものであり、工程管理により「速く」、品質管理により「良く」、原価管理により「安く」、そして安全管理によって「安全に」、目的とする構造物を造り上げることといえる。

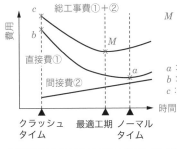

M：最適計画
　直接費と間接費の合計が最小となるときが最適工期であり、その際の工程が最適計画となる
a：ノーマルコスト
b：クラッシュコスト
c：オールクラッシュコスト

ノーマルコスト	各作業の直接費が最小となるような方法で工事を行うと、全工事の総直接費は最小となることから、これをノーマルコストという
ノーマルタイム	ノーマルコストとなるために要する期間をノーマルタイムという
クラッシュタイム	費用をかけても作業時間の短縮には限度があり、その限界となる期間をクラッシュタイム（特急時間）という
クラッシュコスト	クラッシュタイムにおける作業に要する直接費をクラッシュコストという
オールクラッシュコスト	クラッシュタイムにおける直接費（クラッシュコスト）と間接費の合計（総工事費）をオールクラッシュコストという

工期・建設費の関係

3-3 建設機械の選定と作業日数

1. 建設機械の選定

　施工機械の選定は、工事全体の工程管理の検討段階において、必要な条件を把握しながら、その条件に見合った合理的な選定と組合せを検討する必要がある。

■ 工程管理計画での条件把握

　工程管理計画を立案する際に、施工機械を選定するための条件を検討しておく必要がある。

> **➡ 施工機械を選定するための条件**
> ・作業可能日数、1日平均施工量、機械の施工速度などをもとにした施工日程の算定
> ・想定される機械・設備の規模と台数の検討
> ・工程表の作成

■ 建設機械の選定における基本事項

　一般的に組み合わせる機械が多いほど作業効率が低下し、休止や待ち時間も長くなりやすい。一連の組合せ機械の作業効率は、構成する機械の最小の施工速度によって決まってくる。

▶ 適合性

　施工機械を選定する際には、対象となる建設機械の機種・容量を工事条件に適合させなければならない。

▶ 経済性

　施工機械の選定において経済性を考慮することは、工事全体のコストを下げる基本である。一般的に大規模な工事になるほど稼働させる建設機械は大型化し、小規模な工事では小型機械が選定される。また、特殊な建設機械よりも普及度の高いものは経済的となる場合が多い。

▶ 合理性

　一つの作業、部分工事であっても複数の建設機械や作業員の組合せが構成される。また、現場で複数の作業が並行する場合は、さらに複雑な組合せが構成されることになる。こうした複数の建設機械と作業員を合理的に組み合わせることが重要である。

2. 作業日数

　工事を遂行するための作業日数は、工事着工から工事完了（竣工）までの作業可能日数と各部分工事の所要作業日数から算出する。

所要作業日数

　所要作業日数は、投入できる機械・労力と材料の調達計画により、1日当たりの平均施工量から決定される。

作業可能日数

　作業可能日数は、暦日による日数から定休日、天候その他の条件による作業不能日数を差し引いて推定する。土木工事の多くは屋外作業であることから、現地の地形、地質、水文・気象などの自然条件を十分に調査しておくことが大切である。対象となる工事の特性、関係法規（例：騒音、振動の規制によって1日の施工量が限られることがある）なども把握しておく必要がある。

　作業可能日数は、所要作業日数以上でなければならない。

$$所要作業日数 = \frac{工事量}{1日平均施工量}$$

$$1日平均施工量 \geqq \frac{工事量}{作業可能日数}$$

$$1日平均施工量 = 1時間平均施工量 \times 1日平均作業時間$$

$$運転時間率 = \frac{1日当たり運転時間}{1日当たり運転員の拘束時間}$$

基礎・応用記述編

演習問題 で **レベルアップ**

《《《問題1》》》 土木工事における、**施工管理の基本となる施工計画の立案に関**して、下記の**5つの検討項目**における検討内容をそれぞれ解答欄に記述しなさい。

　ただし、（例）の検討内容と同一の内容は不可とする。※

・契約書類の確認事項

・現場条件の調査（自然条件の調査）

・現場条件の調査（近隣環境の調査）

・現場条件の調査（資機材の調査）

・施工手順

※ 過去問出題文のまま。実際の解答用紙には例が提示されている。

解説

【解答例】 必須問題としてすべての解答を記述する必要がある。

検討項目	検討内容
契約書類の確認事項	・事業損失や不可抗力による損害についての取扱い方法 ・工事中止となった場合の損害についての取扱い方法 ・資材や労務費などの価格変動の際の取扱い方法 ・数量の増減による変更の取扱い方法 ・工事数量や仕様などの確認
現場条件の調査（自然条件の調査）	・現地と設計図書の地形に関する相違点など ・地質、土質、地下水、河川などの状況の把握 ・降雨量や気温、風向・風力などの気象データ
現場条件の調査（近隣環境の調査）	・騒音や振動に関する環境基準、条例などの法規制など ・文化財や地下埋設物などの有無 ・送電線や地上障害物などの有無
現場条件の調査（資機材の調査）	・砂利や砂、生コンクリート、購入土など材料の供給源と価格、運搬経路 ・動力源や工事用水の調達方法 ・仮設備や使用機械の選択など
施工手順	・全体のバランスを考慮しての作業員や建設機械の平準化を検討 ・繰り返し作業による習熟や効率の向上 ・現場の制約条件を考慮し、作業員や資機材などの円滑な回転を検討

《《《問題２》》》土木工事の施工計画作成時に留意すべき事項について、次の文章の　　　　の（イ）～（ホ）に当てはまる**適切な語句**を解答欄に記述しなさい。

(1) 施工計画は、施工条件などを十分に把握したうえで、| (イ) |、資機材、労務などの一般的事項のほか、工事の難易度を評価する項目を考慮し、工事の| (ロ) |施工が確保されるように総合的な視点で作成すること。

(2) 関係機関などとの協議・調整が必要となるような工事では、その協議・調整内容をよく把握し、特に都市内工事にあっては、| (ハ) |災害防止上の| (ロ) |確保に十分留意すること。

(3) 現場における組織編成および| (ニ) |、指揮命令系統が明確なものであること。

(4) 作業員については、必要人員を確保するとともに、技術・技能のある人員を確保すること。やむを得ず不足が生じる時は、施工計画、| (イ) |、施工体制、施工機械などについて、対応策を検討すること。

(5) 工事による作業場所およびその周辺への振動、騒音、水質汚濁、粉じんなどを考慮した| (ホ) |対策を講じること。

解説

施工計画作成時の留意事項

(1) 施工計画は、施工条件などを十分に把握したうえで、（イ）工程、資機材、労務などの一般的事項のほか、工事の難易度を評価する項目を考慮し、工事の（ロ）安全施工が確保されるように総合的な視点で作成すること。

(2) 関係機関などとの協議・調整が必要となるような工事では、その協議・調整内容をよく把握し、特に都市内工事にあっては、（ハ）第三者災害防止上の（ロ）安全確保に十分留意すること。

(3) 現場における組織編成および（ニ）業務分担、指揮命令系統が明確なものであること。

(4) 作業員については、必要人員を確保するとともに、技術・技能のある人員を確保すること。やむを得ず不足が生じる時は、施工計画、（イ）工程、施工体制、施工機械などについて、対応策を検討すること。

(5) 工事による作業場所およびその周辺への振動、騒音、水質汚濁、粉じんなどを考慮した（ホ）環境対策を講じること。

【解答例】

（イ）	（ロ）	（ハ）	（ニ）	（ホ）
工程	安全	第三者	業務分担	環境

基礎・応用記述 編

〈〈〈問題3〉〉〉 下図のような管きょを敷設する場合の施工手順が次の表に示されているが、施工手順①～③のうちから **2つ選び**、それぞれの番号、該当する**工種名および施工上の留意事項**（主要機械の操作および安全管理に関するものは除く）について解答欄に記述しなさい。

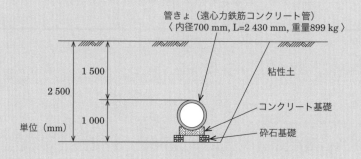

管きょ（遠心力鉄筋コンクリート管）
〈 内径700 mm, L=2 430 mm, 重量899 kg 〉

粘性土

コンクリート基礎

砕石基礎

1 500
2 500
1 000
単位（mm）

施工手順番号	工種名	施工上の留意事項（主要機械の操作および安全管理に関するものは除く）
	準備工（丁張り） ↓	・丁張りは、施工図に従って位置・高さを正確に設置する。
①	（バックホウ） ↓	
	砕石基礎工 ↓	・基礎工は、地下水に留意しドライワークで施工する。
②	（トラッククレーン） ↓	
	型枠工（設置） ↓ コンクリート基礎工 ↓ 養生工 ↓ 型枠工（撤去） ↓	・コンクリートは、管の両側から均等に投入し、管底まで充填するようにバイブレータなどを用いて入念に行う。
③	（タンパ） ↓ 残土処理	

解説 管きょの敷設に関する出題で経験からも解答できるが、このような管きょ（パイプカルバート）を含む「カルバート工指針」などを参考にして解答を導くことができる。

【解答例】 次の中から 2 つを選んで解答するとよい。設問条件のとおり、主要機械の操作および安全管理に関するものは除く。

施行手順番号	工種名	施工上の留意事項
①	床掘り	・仕上がり面は、地山を乱さないように、かつ不陸が生じないように施工する ・湧水や滞水などがある場合は、ポンプあるいは排水溝を設けるなどして排除する ・丁張りに従って、掘削の幅や深さ、形状を確認しながら、過掘りにならないように注意して掘削する
②	敷設工	・管きょの下流側（基盤の低い方）から上流側に向かって敷設する。受け口を上流に向けて、差し口をはめ込む ・専用の吊り下げ具などを用いるなどして、偏重がかからないようにし、製品を傷つけないように注意しながら吊り下ろす
③	埋戻し工	・埋戻し箇所の残材やゴミ、木くずなどは撤去しておく ・良質な埋戻し材料により、1層 30cm 以下としながら入念に締め固める ・管に有害な衝撃や過度の荷重を与えないように、人力またはタンパのような小型締固め機械などで行う

《《《問題4》》》 地下埋設物・架空線などに近接した作業にあたって、施工段階で実施する具体的な対策について、次の文章の □□□ の（イ）〜（ホ）に当てはまる**適切な語句**を解答欄に記述しなさい。

(1) 掘削影響範囲に埋設物があることがわかった場合、その （イ） および関係機関と協議し、関係法令などに従い、防護方法、立会の必要性および保安上の必要な措置などを決定すること。

(2) 掘削断面内に移設できない地下埋設物がある場合は、 （ロ） 段階から本体工事の埋戻し、復旧の段階までの間、適切に埋設物を防護し、維持管理すること。

(3) 工事現場における架空線など上空施設について、建設機械などのブーム、ダンプトラックのダンプアップなどにより、接触や切断の可能性があると考えられる場合は次の保安措置を行うこと。

　① 架空線など上空施設への防護カバーの設置

　② 工事現場の出入り口などにおける （ハ） 装置の設置

　③ 架空線など上空施設の位置を明示する看板などの設置

　④ 建設機械のブームなどの旋回・ （ニ） 区域などの設定

(4) 架空線など上空施設に近接した工事の施工にあたっては、架空線などと機械、工具、材料などについて安全な （ホ） を確保すること。

（1）掘削影響範囲に埋設物があることがわかった場合、その（イ）埋設物の管理者および関係機関と協議し、関係法令などに従い、防護方法、立会の必要性および保安上の必要な措置などを決定すること。

（2）掘削断面内に移設できない地下埋設物がある場合は、（ロ）試掘段階から本体工事の埋戻し、復旧の段階までの間、適切に埋設物を防護し、維持管理すること。

（3）工事現場における架空線など上空施設について、建設機械などのブーム、ダンプトラックのダンプアップなどにより、接触や切断の可能性があると考えられる場合は次の保安措置を行うこと。

　　①架空線など上空施設への防護カバーの設置

　　②工事現場の出入口などにおける（ハ）高さ制限装置の設置

　　③架空線など上空施設の位置を明示する看板などの設置

　　④建設機械のブームなどの旋回・（ニ）立入禁止区域などの設定

（4）架空線など上空施設に近接した工事の施工にあたっては、架空線などと機械、工具、材料などについて安全な（ホ）離隔を確保すること。

【解答例】

（イ）	（ロ）	（ハ）	（ニ）	（ホ）
埋設物の管理者	試掘	高さ制限	立入禁止	離隔

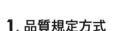

4-1 盛土の締固め管理

1. 品質規定方式

　盛土に必要な品質を仕様書に明示し、**締固めの方法**については施工者に委ねる方式。施工者は、盛土材料の性質により適正な締固め規定を選定する必要がある。

　品質規定方式による主な規定と管理

規定の区分	適用対象と管理方法
乾燥密度で規定	・一般的な方法で、自然含水比が低めの良質土に適する ・突固めによる土の締固め試験により最大乾燥密度と最適含水比を求め、施工含水比の範囲で施工する
空気間隙率、飽和度で規定	・高含水比の粘性土、シルトに用いられる ・空気間隙率、飽和度の範囲を規定し管理する
強度特性、変形特性で規定	・岩塊、玉石、礫、砂質土など強度の変化のない盛土地盤に用いる ・コーン指数、地盤反力係数、CBR 値などを測定し、締固め具合を判断する（強度規定） ・締め固めた盛土上に、タイヤローラを走行（プルーフローディング試験）させ、その変形量が規定以下であることを確認する（変形量規定）

乾燥密度で規定する方法

　締固め度とは、室内での締固めによる最大乾燥密度と、現場で締め固められた土の乾燥密度の比を意味する。この締固め度が規定値以上となっていることと、最適含水比を基準にして規定した範囲内であることを要求するものである。

　現場での測定には、砂置換による土の密度試験方法、RI 計器による方法が用いられる。

適用される土質

・砂質土、礫質土などの良質土（自然含水比の比較的低い土）

・粘性土など、自然含水比の大きな土では、こね返しによる強度低下（オーバーコンパクション）をきたすので、基準となる最大乾燥密度が定められない。

基礎・応用記述 編

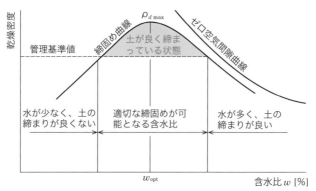

縦軸: 乾燥密度　横軸: 含水比 w [%]

$\rho_{d\,max}$　締固め曲線　ゼロ空気間隙曲線

管理基準値　土が良く締まっている状態

水が少なく、土の締まりが良くない　適切な締固めが可能となる含水比　水が多く、土の締まりが良い

w_{opt}

● **締固め曲線（乾燥密度で規定する方法）**

空気間隙率または飽和度で施工含水比を規定する方法

空気間隙率または飽和度が一定の範囲内であるように規定することで、締め固めた土が安定な状態であることの条件とし、締め固めた土の強度・変形特性が設計を満足する範囲に施工含水比を規定する方法である。

適用される土質
- シルト、粘性土（自然含水比が比較的高い土）
- 自然含水比が高いシルトまたは粘性土のように、乾燥密度により規定するのが困難な場合に適用されることが多い。

強度特性、変形特性で規定する方法

締め固めた土の強度特性は、土粒子や土粒子構造間の水分量によって変化する。

締固め直後の状態においては、最適含水比よりやや低い含水比のときに、強度、変形抵抗が最大で、圧縮性が最小となるといわれている。そこで、締固め盛土の強度、あるいは変形特性を、現場 CBR、地盤反力係数、貫入抵抗、プルーフローリングによるたわみなどにより規定する方法が用いられる。この方法は、比較的容易で迅速に行うことができる。

適用される土質
- 岩塊、玉石、礫、砂、砂質土など
- 水の浸入による膨張や温度変化などの起こりにくい安定した盛土材に適している。

2. 工程規定方式

　使用する締固め機械（ローラの重量など）、まき出し厚、締固め回数などの工法そのものを仕様書に規定する方式。事前に現場で試験施工を行い、盛土に必要となる品質基準を満足する施工仕様を定めておく必要がある。また、土質や含水比が変化した場合には、施工仕様を見直すなどの修正措置をとる。

　最近は、**TS**（トータルステーション）や **GNSS**※（**Global Navigation Satellite System**；全球測位衛星システム）、**GPS**（**Global Positioning System**；全地球測位システム）による測量システムの高度化、土工機械の制御技術の進展により、**ICT**（情報通信技術）を施工に活用した情報化施工が行われるようになってきた。

※　GNSS は、国土地理院などでは「衛星測位システム」と訳されている場合があり、本検定試験でもかつてはこのように記載されていた。最近の問題文を見ると「全球測位衛星システム」とされていることから、本書では GNSS を「全球測位衛星システム」に統一して用いる。

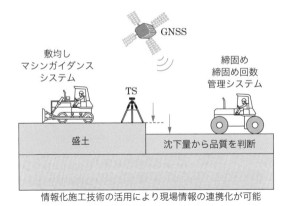

情報化施工技術の活用により現場情報の連携化が可能

○ ICT による情報化技術

4-2　コンクリート工の品質管理

1. レディミクストコンクリートの受入検査

① コンクリートの強度検査

次の二つの条件を同時に満たしていること。

- 試験は 3 回※行い、そのうちどれもが指定呼び強度の 85%以上
- 3 回の平均値は指定呼び強度以上
  ※　450 m³ を一つの検査ロッドとした場合

② スランプ検査

スランプ値は、指定値を基本として許容差が決められている。

→ スランプ値の許容差

スランプ値	スランプ許容差
2.5 cm	±1 cm
5 cm および 6.5 cm	±1.5 cm
8 cm 以上 18 cm 以下	±2.5 cm
21 cm	±1.5 cm

スランプフロー	スランプフロー許容差
45 cm、50 cm および 55 cm	±7.5 cm
60 cm	±10 cm

③ 空気量検査

コンクリートの種類ごとに空気量の目標値が決められており、受入れの許容差は ±1.5 cm で一定である。

→ 空気量の許容差

コンクリートの種類	空気量〔%〕	空気量許容差
普通コンクリート	4.5	
舗装コンクリート	4.5	±1.5 cm
軽量コンクリート	5.0	

④ 塩化物含有量

塩化物含有量は、塩素イオン（Cl⁻）量として、許容上限は 0.3 kg/m³ 以下である（ただし、購入者の承認を受けた場合は、0.60 kg/m³ 以下）。

検査は、工場で行う。やむを得ない場合は、塩化物含有量検査だけが工場出荷時の検査が認められている。

2. ひび割れとその抑制対策

ひび割れには原因に応じた特徴があるが、異なる原因でも同じような形状のひび割れが発生することや、同じ原因でも異なるひび割れが生じることもある。特徴的なひび割れとしては、沈みひび割れ、プラスチック収縮ひび割れ、乾燥収縮ひび割れなどがある。このほかにも、水和熱やアルカリシリカ反応などによるひび割れがあり、これらの原因が複雑に絡み合って発生する場合もある。

▓ 沈みひび割れ

ブリーディングに伴い、水がコンクリート外部に排出されると、コンクリート体積が減少してコンクリート上面の沈下が発生する。この沈下挙動がコンクリート上面近くの鉄筋やセパレータなどで拘束されると、それらに沿ってひび割れが発生する現象。

対　策

- AE 剤、AE 減水剤などを用いて、単位水量を少なくする。
- こて仕上げの段階におけるタンピングでの修復。
- 沈み変位の終了段階における再振動の実施。

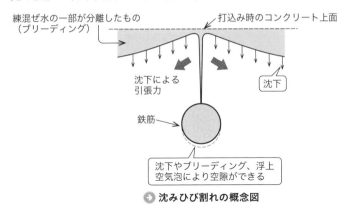

練混ぜ水の一部が分離したもの（ブリーディング）　打込み時のコンクリート上面

沈下による引張力　沈下

鉄筋

沈下やブリーディング、浮上空気泡により空隙ができる

▶ 沈みひび割れの概念図

▓ プラスチック収縮ひび割れ

硬化前のコンクリート表面が、強風や乾燥空気により急激に乾燥し、収縮することでひび割れが発生する現象。

対　策

- 打込み直後の散水や膜養生剤の散布によるコンクリート表面からの水分の蒸発対策。
- 直射日光を避け、防風対策を十分に行う。
- 発生が確認された場合はタンピングによる修復を行う。

基礎・応用記述 編

乾燥収縮ひび割れ

　コンクリートの硬化後に、内部の余分な水分がコンクリート表面から徐々に散逸して体積が減少することでひび割れが発生する現象。

対　策

- 単位水量をできるだけ少なくする。
- 単位断面積当たりの鉄筋量を増加させるなどし、ひび割れ抑制用補強鉄筋を配筋する。
- ひび割れ誘発目地を適所に入れて、ひび割れを集中させる。

3. 劣化とその抑制対策

各種劣化の進行過程

　コンクリートの劣化には、さまざまな原因があり、またその進行過程（潜伏期、進展期、加速期、劣化期）における調査と評価を行いながら、対策を講じることが品質管理の面からも重要である。

● 各種劣化の進行過程と劣化状況の概要

劣化過程	潜伏期	進展期	加速期	劣化期
塩害	外観の変状なし。鋼材腐食開始まで	外観上の変状なし。鋼材腐食開始から腐食ひび割れ発生まで	腐食ひび割れ進展に伴うコンクリートの部分的な剥離・剥落、錆汁発生。腐食速度の増大	コンクリートの大規模な剥離・剥落。鋼材の著しい断面減少による耐力の低下
中性化	コンクリート表面から鉄筋位置まで中性化が進行。外観の変状なし。鋼材腐食発生まで	外観上の変状なし。鋼材腐食開始からかぶりコンクリートの腐食ひび割れに至る段階	腐食ひび割れ発生・進展から急速な腐食進行段階。剥離・剥落あり。鋼材の断面欠損軽微	腐食ひび割れとともにコンクリートの剥離・剥落、鋼材の断面欠損あり。耐力・靱性の低下
アルカリシリカ反応（ASR）	ASRは進行するが、膨張やひび割れはまだ発生せず。外観の変状なし	膨張が継続的に進行し、ひび割れ発生。アルカリシリカゲルの滲出	膨張速度が最大から収束しつつある段階。ひび割れの幅や密度の増大、鋼材腐食による錆汁あり	部材の一体性が損なわれ、段差やずれ発生。鋼材の破断などの損傷。顕著な耐力低下
化学的浸食	劣化因子の侵入があるが、外観の変状なし	コンクリートの変状が見られ、表面に荒れやひび割れ発生。変状が鋼材に達するまで	著しいコンクリートのひび割れや断面欠損、骨材の露出や剥落。鋼材の腐食が進行	コンクリートの断面欠損やひび割れの進行による鋼材の断面減少。顕著な耐力低下
凍害	軽微なひび割れや表面のみのごく軽微なスケーリング発生。外観の変状ほとんどなし	スケーリング、微細ひび割れ、ポップアウトの発生、骨材露出（深さ10 mm～20 mm程度まで）	スケーリング、ポップアウトの進展（深さ30 mm程度まで）。鋼材腐食によるひび割れ発生	かぶりコンクリートの著しい浮きや剥落、鋼材の腐食や断面欠損。脆弱部深さ30 mm以上

つづく

疲労 (床版)	主に乾燥収縮により主桁垂直方向に一方向ひび割れ発生	主桁方向とその直角方向に曲げひび割れが進展し、格子状のひび割れ網が形成	ひび割れの網細化が進行し、車両の通行によるひび割れの開閉とともに角落ち発生	ひび割れの貫通で床版の連続性が失われ、床版の陥没や亀甲状の剥落発生

外部から劣化原因物質が侵入するプロセスの劣化では、基本的な劣化対策を行うことが品質管理につながるとともに、耐久性を向上させる効果がある。

● 基本的な劣化対策（耐久性向上策）

設計対策	・構造物の供用期間（耐用年数）の間、コンクリート表面から原因物質の侵入や劣化の進行による内部鉄筋の錆発生を防止可能なかぶり（厚さ）を確保する ・想定する劣化原因に応じて適正な表面被覆（表面仕上げ）を施し、水分や劣化原因物質の侵入を防止する
施工対策	・必要なワーカビリティが得られる範囲で単位水量を小さくして、ブリーディングや乾燥収縮を抑制する ・水セメント比の低減、適切な混和材の使用などにより、セメントペーストの組織を緻密にし、劣化原因物質の侵入を抑制する ・コンクリート打込み時に締固めを十分に行い、豆板、コールドジョイントなどの欠陥のない緻密なコンクリートとする ・温度ひび割れ、沈みひび割れ、乾燥収縮ひび割れなど、施工上の原因によるひび割れ発生を抑制する

塩害

コンクリート中の鋼材の腐食が、塩化物イオンの存在によって促進され、コンクリートにひび割れ、剥離などを生じさせる現象である。これは、腐食生成物の堆積膨張によるものであるが、鋼材の断面が減少することでもあるので、構造物の性能が低下する問題も生じる。

原因となる塩化物イオンは、海水や凍結防止剤などの外部環境から供給されるケースと、コンクリートの製造の際の材料から供給されるケースが考えられる。

対 策

- コンクリート中の塩化物イオン量を少なくする。

  （レディミクストコンクリートでは塩化物イオン含有量を 0.3kg/m³ 以下に）

- 混合セメント（高炉セメントなど）を用いる。

- 水セメント比を小さくして密実なコンクリートにする。

- ひび割れ幅を小さく制御する、かぶりを十分に大きくするなど、水分や酸素の供給を少なくする。

- 樹脂塗装鉄筋の使用、コンクリート表面のライニング、電気防食など。

中性化

コンクリートは、セメントの水和反応生成物である水酸化カルシウムによって強アルカリ性を示す。中性化とは、経年とともにコンクリート表面から空気中の二酸化炭素が侵入し、コンクリート中の水酸化ナルシウムと反応して炭酸カルシウムを生成し、徐々にコンクリートのアルカリ性が低下していく現象であり、これを炭酸化反応という。

特　徴

- コンクリートが十分に湿潤な状態だと、中性化の進行は遅い。
- 屋外のコンクリートは、屋内のコンクリートよりも中性化速度が小さい。
- 単位水量の多いコンクリートのほうが中性化速度は大きい。

対　策

- かぶり（厚さ）を大きくする、気密性のある吹付材を施工する。
- タイルや石張りなど、表面仕上げを施す。

アルカリ骨材反応中性化（ASR）

骨材中の反応性鉱物（シリカ分）とコンクリート中の高いアルカリ性の水分が反応して、アルカリシリカゲルを生成、吸水膨張し、コンクリートのひび割れなどを発生させる現象。

対　策

- コンクリート中のアルカリ総量を $3.0\,kg/m^3$ 以下にする。
- 抑制効果のある混合セメントや混和材を使用する。
- 安全と判定された骨材を使用する。

  （骨材のアルカリシリカ反応性試験（化学法、モルタルバー法）で無害と確認された骨材）

化学的浸食

コンクリートが外部から化学的作用を受け、セメント硬化体を構成する水和物が変質あるいは分離して骨材との結合能力を失い、体積膨張によるひび割れやかぶりの剥離などを引き起こす現象。

対　策

- ひび割れ対策を行う。
- コンクリート表面を被覆する。
- かぶりを十分にとる。
- 水セメント比を小さくして密実なコンクリートにする。

凍害

コンクリート内部が湿潤状態の場合、低温時にコンクリート中の水分が凍結し、その体積膨張によってひび割れやポップアウト、スケーリングなどの劣化を起こす現象。

対　策

- 耐凍害性の大きい骨材を用いる。（吸水率と安定性試験の損失量が小さい）
- AE剤、AE減水剤などを用いて、適正量のエントレインドエアを連行させる。
- 水セメント比を小さくして密実なコンクリートにする。

疲労

一般に、小さいレベルの荷重を繰り返し受けることにより破壊する現象。

対　策

- 過積載車両の通行規制。
- 新しい工法の活用（ファイバーコンクリート、プレキャスト床版など）。

《《問題 1 》》 土の締固めにおける試験および品質管理に関する次の文章の
□□□ の（イ）～（ホ）に当てはまる**適切な語句**を解答欄に記述しなさい。

(1) 土の締固めで最も重要な特性として、下図に示す締固めの含水比と密度の
関係が挙げられ、これは締固め曲線と呼ばれ、ある一定のエネルギーにお
いて最も効率よく土を密にすることができる含水比を （イ） といい、その
時の乾燥密度を最大乾燥密度という。

(2) 締固め曲線は土質によって異なり、一般に礫や （ロ） では、最大乾燥密度
が高く曲線が鋭くなり、シルトや （ハ） では最大乾燥密度は低く曲線は平
坦になる。

(3) 締固め品質の規定は、締め固めた土の性質の恒久性を確保するとともに、
盛土に要求する （ニ） を確保できるように、設計で設定した盛土の所要力
学特性を確保するためのものであり、 （ホ） や施工部位によって最も合理
的な品質管理方法を用いる必要がある。

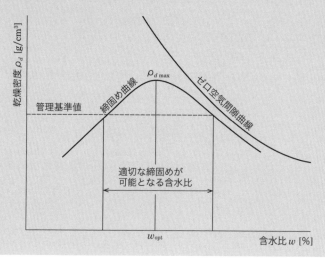

解説

土の締固めにおける試験と品質管理

（1）土の締固めで最も重要な特性として、下図に示す締固めの含水比と密度の
関係が挙げられ、これは締固め曲線と呼ばれ、ある一定のエネルギーにおいて最
も効率よく土を密にすることができる含水比を（イ）**最適含水比**といい、その時の

乾燥密度を最大乾燥密度という。

（2）締固め曲線は土質によって異なり、一般に礫や（ロ）砂では、最大乾燥密度が高く曲線が鋭くなり、シルトや（ハ）粘性土では最大乾燥密度は低く曲線は平坦になる。

（3）締固め品質の規定は、締め固めた土の性質の恒久性を確保するとともに、盛土に要求する（ニ）性能を確保できるように、設計で設定した盛土の所要力学特性を確保するためのものであり、（ホ）盛土材料や施工部位によって最も合理的な品質管理方法を用いる必要がある。

【解答例】

（イ）	（ロ）	（ハ）	（ニ）	（ホ）
最適含水比	砂	粘性土	性能	盛土材料

《《《問題2》》》 情報化施工における TS（トータルステーション）・GNSS（全球測位衛星システム）を用いた盛土の締固め管理に関する次の文章の ☐ の（イ）～（ホ）に当てはまる**適切な語句**を解答欄に記述しなさい。

(1) 施工現場周辺のシステム運用障害の有無、TS・GNSS を用いた盛土の締固め管理システムの精度・機能について確認した結果を （イ） に提出する。

(2) 試験施工において、締固め回数が多いと （ロ） が懸念される土質の場合、 （ロ） が発生する締固め回数を把握して、本施工での締固め回数の上限値を決定する。

(3) 本施工の盛土に使用する材料の （ハ） が、所定の締固め度が得られる （ハ） の範囲内であることを確認し、補助データとして施工当日の気象状況（天気・湿度・気温など）も記録する。

(4) 本施工では盛土施工範囲の （ニ） にわたって、試験施工で決定した （ホ） 厚以下となるように （ホ） 作業を実施し、その結果を確認するものとする。

解説

TS（トータルステーション）や GNSS（全球測位衛星システム）による管理

（1）施工現場周辺のシステム運用障害の有無．TS・GNSS を用いた盛土の締固め管理システムの精度・機能について確認した結果を（イ）監督職員に提出する。

（2）試験施工において、締固め回数が多いと（ロ）過転圧が懸念される土質の場合、（ロ）過転圧が発生する締固め回数を把握して、本施工での締固め回数の上

限値を決定する。

(3) 本施工の盛土に使用する材料の (ハ) 含水比が、所定の締固め度が得られる (ハ) 含水比の範囲内であることを確認し、補助データとして施工当日の気象状況 (天気・湿度・気温など) も記録する。

(4) 本施工では盛土施工範囲の (ニ) 全面にわたって、試験施工で決定した (ホ) まき出し厚以下となるように (ホ) まき出し作業を実施し、その結果を確認するものとする。

【解答例】

(イ)	(ロ)	(ハ)	(ニ)	(ホ)
監督職員	過転圧	含水比	全面	まき出し

〈〈〈問題3〉〉〉 盛土の締固め管理方式における2つの規定方式に関して、それぞれの規定方式名と締固め管理の方法について解答欄に記述しなさい。

解説

盛土の締固め管理方式における2つの規定方式

【解答例】

	規定方式名	締固め管理の方法
①	品質規定方式	盛土に必要な品質となるように、管理項目、基準値などを仕様書に明示し、締固め方法については施工者に委ねる方式で、次のような方法がある。 ・最大乾燥密度、最適含水比による方法 ・空気間隙率または飽和度による方法 ・締め固めた土の強度、変形特性による方法
②	工法規定方式	盛土に使用する締固めの機種やまき出し厚、締固め回数といった工法そのものを、事前の試験施工などに基づいて仕様書に規定する方式で、次のような方法がある。 ・タスクメータ、タコメータなどによる方法 ・TS (トータルステーション) やGNSS (全球測位衛星システム) による方法

アドバイス

「盛土の締固め管理方式における2つの規定方式」を記述するこのような問題は、頻繁に出題されている。しっかり覚えておこう。

〈〈〈問題4〉〉〉 盛土の品質規定方式および工法規定方式による締固め管理に関する次の文章の □ の（イ）〜（ホ）に当てはまる**適切な語句**を解答欄に記述しなさい。

(1) 品質規定方式においては、以下の3つの方法がある。
　①基準試験の最大乾燥密度、 (イ) を利用する方法
　②空気間隙率または (ロ) を規定する方法
　③締め固めた土の (ハ) 、変形特性を規定する方法

(2) 工法規定方式においては、タスクメータなどにより締固め機械の稼働時間で管理する方法が従来より行われてきたが、測距・測角が同時に行える (ニ) やGNSS（全球測位衛星システム）で締固め機械の走行位置をリアルタイムに計測することにより、盛土の (ホ) を管理する方法も普及してきている。

解説

盛土の品質規定方式と工法規定方式

（1）品質管理方式
　①基準試験の最大乾燥密度、（イ）最適含水比を利用する方法
　②空気間隙率または（ロ）飽和度を規定する方法
　③締め固めた土の（ハ）強度、変形特性を規定する方法

（2）工法規定方式においては、タスクメータなどにより締固め機械の稼働時間で管理する方法が従来より行われてきたが、測距・測角が同時に行える（ニ）トータルステーションやGNSS（全球測位衛星システム）で締固め機械の走行位置をリアルタイムに計測することにより、盛土の（ホ）転圧回数を管理する方法も普及してきている。

【解答例】

（イ）	（ロ）	（ハ）	（ニ）	（ホ）
最適含水比	飽和度	強度	トータルステーション	転圧回数

基礎・応用記述 編

〈〈〈問題5〉〉〉 盛土の締固め管理に関する次の文章の □ の（イ）～（ホ）に当てはまる**適切な語句**を解答欄に記述しなさい。

(1) 品質規定方式による締固め管理は、発注者が品質の規定を （イ） に明示し、締固めの方法については原則として （ロ） に委ねる方式である。

(2) 品質規定方式による締固め管理は、盛土に必要な品質を満足するように、施工部位・材料に応じて管理項目・ （ハ） ・頻度を適切に設定し、これらを日常的に管理する。

(3) 工法規定方式による締固め管理は、使用する締固め機械の機種、 （ニ） 、締固め回数などの工法そのものを （イ） に規定する方式である。

(4) 工法規定方式による締固め管理には、トータルステーションや GNSS（全球測位衛星システム）を用いて締固め機械の （ホ） をリアルタイムに計測することにより、盛土地盤の転圧回数を管理する方式がある。

解説

盛土の締固め管理

（1）品質規定方式による締固め管理は、発注者が品質の規定を（イ）仕様書に明示し、締固めの方法については原則として（ロ）施工者に委ねる方式である。

（2）品質規定方式による締固め管理は、盛土に必要な品質を満足するように、施工部位・材料に応じて管理項目・（ハ）基準値・頻度を適切に設定し、これらを日常的に管理する。

（3）工法規定方式による締固め管理は、使用する締固め機械の機種、（ニ）まき出し厚、締固め回数などの工法そのものを（イ）仕様書に規定する方式である。

（4）工法規定方式による締固め管理には、トータルステーションや GNSS（全球測位衛星システム）を用いて締固め機械の（ホ）走行位置をリアルタイムに計測することにより、盛土地盤の転圧回数を管理する方式がある。

【解答例】

（イ）	（ロ）	（ハ）	（ニ）	（ホ）
仕様書	施工者	基準値	まき出し厚	走行位置

〈〈〈問題6〉〉〉レディミクストコンクリート（JISA5308）の工場選定、品質の指定、品質管理項目に関する次の文章の［　　］の（イ）～（ホ）に当てはまる**適切な語句**を解答欄に記述しなさい。

(1) レディミクストコンクリート工場の選定にあたっては、定める時間の限度内にコンクリートの［(イ)］および荷卸し、打込みが可能な工場を選定しなければならない。

(2) レディミクストコンクリートの種類を選定するにあたっては、［(ロ)］の最大寸法、［(ハ)］強度、荷卸し時の目標スランプまたは目標スランプフローおよびセメントの種類をもとに選定しなければならない。

(3) ［(ニ)］の変動はコンクリートの強度や耐凍害性に大きな影響を及ぼすので、受入れ時に試験によって許容範囲内にあることを確認する必要がある。

(4) フレッシュコンクリート中の［(ホ)］の試験方法としては、加熱乾燥法、エアメータ法、静電容量法などがある。

解説

■ レディミクストコンクリートの品質管理

（1）レディミクストコンクリート工場の選定にあたっては、定める時間の限度内にコンクリートの（イ）運搬および荷卸し、打込みが可能な工場を選定しなければならない。

（2）レディミクストコンクリートの種類を選定するにあたっては、（ロ）粗骨材の最大寸法、（ハ）呼び強度、荷卸し時の目標スランプまたは目標スランプフローおよびセメントの種類をもとに選定しなければならない。

（3）（ニ）空気量の変動はコンクリートの強度や耐凍害性に大きな影響を及ぼすので、受入れ時に試験によって許容範囲内にあることを確認する必要がある。

（4）フレッシュコンクリート中の（ホ）単位水量の試験方法としては、加熱乾燥法、エアメータ法、静電容量法などがある。

【解答例】

(イ)	(ロ)	(ハ)	(ニ)	(ホ)
運搬	粗骨材	呼び	空気量	単位水量

《《《問題7》》》 コンクリートに発生したひび割れなどの下記の状況図①〜④から2つ選び、その番号、防止対策を解答欄に記述しなさい。

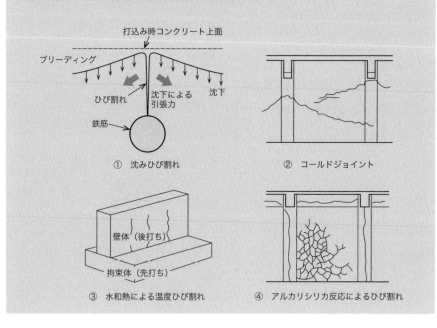

① 沈みひび割れ
② コールドジョイント
③ 水和熱による温度ひび割れ
④ アルカリシリカ反応によるひび割れ

解説

【解答例】 次の中から2つを選んで解答するとよい。

番号	ひび割れの状況	防止対策
①	沈みひび割れ	・AE剤などの減水効果のある混和剤を用いて単位水量の少ない配合とする。 ・適切な時期の再振動や、こてによるタンピングなどにより、沈みひび割れを押さえて修復する。
②	コールドジョイント	・許容打ち重ね時間の厳守（外気温25℃を超える場合で2.0時間、外気温20℃以下の場合で2.5時間以内）。 ・上層のコンクリートで棒状バイブレータを使用する際に、下層に10cm程度挿入し振動を与えることで、一体化させる。
③	水和熱による温度ひび割れ	・中庸熱ポルトランドセメントやフライアッシュセメントなど、水和熱の小さなセメントを使用する。 ・高性能減水剤などの混和剤を用いて単位セメント量を少なくする。
④	アルカリシリカ反応によるひび割れ	・コンクリート中のアルカリ総量を抑制する（3.0 kg/m³以下）。 ・骨材は、アルカリシリカ反応試験で区分A（無害）と判定されたものを用いる。 ・アルカリシリカ反応抑制効果のある混合セメントを使用する。

《《《問題8》》》 コンクリート打込み後に発生する、**次のひび割れの発生原因と施工現場における防止対策をそれぞれ1つずつ解答欄に記述しなさい。**

　ただし、材料に関するものは除く。

(1) 初期段階に発生する沈みひび割れ

(2) マスコンクリートの温度ひび割れ

解説

■ コンクリート打込み後のひび割れ防止対策

【解答例】　それぞれ、「施工現場における防止対策」として次のようなポイントを盛り込んだ記述が考えられる。

（1）初期段階に発生する沈みひび割れ

【原　　因】	締固め不足
【防止対策】	コンクリートを締め固めた後に、適切な時期に再振動を行う。

（2）マスコンクリートの温度ひび割れ

【原　　因】	セメント硬化時の水和熱による温度上昇から、硬化後の温度低下による過程でひび割れを生じる。コンクリート内部と表面付近の温度差が大きいと発生しやすい。
【防止対策】	・パイプクーリングによって養生時の温度を低下させる。 ・打込み区画の大きさやリフト高さ、継目の位置などを適切にする。 ・コンクリート表面を断熱性の高いシートなどで覆って保温する。

基礎・応用記述 編

〈〈〈問題 9〉〉〉 コンクリート構造物の劣化原因である次の 3 つの中から **2 つ選び、施工時における劣化防止対策について、それぞれ 1 つずつ解答欄に記述**しなさい。

・塩害

・凍害

・アルカリシリカ反応

解説

■ コンクリート構造物の劣化防止対策

【解答例】 解答は、設問のように、塩害、凍害、アルカリシリカ反応から 2 つを選び、次の例文から 1 つずつ選ぶとよい。

●塩害

- コンクリート中の全塩化物イオン量を $0.3\mathrm{kg/m^3}$ 以下とする。
- 混合セメント（高炉セメントなど）や、ポゾラン系の混和材を使用する。
- 水セメント比を小さくして密実なコンクリートにする。締固めを十分に行う。
- かぶりを確保する。
- コンクリート表面を被覆などの防食対策を講じる。

●凍害

- 水を含みにくいなど耐凍害性の大きな骨材を用いる。
- AE 剤や AE 減水剤を用いて、適正量のエントレインドエアを連行させる。
- 水セメント比を小さくして密実なコンクリートにする。締固めを十分に行う。

●アルカリシリカ反応

- 安全と判定された骨材を用いる。
- コンクリート中の総アルカリ量を $3.0\mathrm{kg/m^3}$ 以下とする。
- 抑制効果のある混合セメント（高炉セメント B 種、C 種）を用いる。
- 低アルカリ型のセメントを用いる。

<<<問題１０>>> 鉄筋コンクリート構造物における「鉄筋の加工および組立の検査」「鉄筋の継手の検査」に関する品質管理項目とその判定基準を **5** つ解答欄に記述しなさい。

　ただし、解答欄の記入例と同一内容は不可とする。※

※　過去問出題文のまま。実際の解答用紙には例が提示されている。

解説

鉄筋の加工および組立の検査、継手の検査

【解答例】　次のなかからそれぞれ 5 つを記述するとよい。

●鉄筋の加工および組立の検査

品質管理項目	判定基準
鉄筋の種類・径・数量	設計図書どおりであること
鉄筋の加工寸法	所定の許容誤差以内であること
鉄筋の固定方法	コンクリートの打込みに際し、変形や移動のおそれのないこと
鉄筋の配置（位置、長さ）	設計図どおりであること
鉄筋の配置（かぶり）	鉄筋径以上で耐久性を満足するかぶり以上であること
鉄筋の配置（有効高さ）	許容誤差（設計寸法の ±3%、±30 mm）以内であること
鉄筋の配置（中心間隔）	許容誤差が ±20 mm であること
スペーサの種類、配置、数量	床版、梁などの底面部で 1 m² 当たり 4 個以上、柱などの側面部で 1 m² 当たり 2 個以上であること

●鉄筋の継手の検査

品質管理項目	判定基準
継手および定着の位置、長さ	設計図書どおりであること
重ね継手の位置と継手長さ	設計図書どおりであること
ガス圧接継手の外観検査（ふくらみの径）	鉄筋径の 1.4 倍以上であること
ガス圧接継手の外観検査（ふくらみの長さ）	鉄筋径の 1.1 倍以上であること
ガス圧接継手の外観検査（軸心の偏心）	鉄筋径の 1/5 以下であること
ガス圧接継手の外観検査（たれ、曲がり）	著しいたれさがり、折れ曲がりがないこと
ガス圧接継手の外観検査（ふくらみの頂点と接続部のずれ）	鉄筋径の 1/4 以下であること
機械式継手の性能	鉄筋定着・継手指針に適合すること

基礎・応用記述 編

《《《問題11》》》 コンクリート構造物の品質管理の一環として用いられる非破壊検査に関する次の文章の _____ の（イ）～（ホ）に当てはまる**適切な語句**を解答欄に記述しなさい。

(1) 反発度法は、コンクリート表層の反発度を測定した結果からコンクリート強度を推定できる方法で、コンクリート表層の反発度は、コンクリートの強度のほかに、コンクリートの （イ） 状態や中性化などの影響を受ける。

(2) 打音法は、コンクリート表面をハンマなどにより打撃した際の打撃音をセンサで受信し、コンクリート表層部の （ロ） や空隙箇所などを把握する方法である。

(3) 電磁波レーダ法は、比誘電率の異なる物質の境界において電磁波の反射が生じることを利用するもので、コンクリート中の （ハ） の厚さや （ニ） を調べることができる。

(4) 赤外線法は、熱伝導率が異なることを利用して表面 （ホ） の分布状況から、 （ロ） やはく離などの箇所を非接触で調べる方法である。

解説

コンクリート構造物の非破壊試験

（1） 反発度法は、コンクリート表層の反発度を測定した結果からコンクリート強度を推定できる方法で、コンクリート表層の反発度は、コンクリートの強度のほかに、コンクリートの（イ）含水状態や中性化などの影響を受ける。

（2） 打音法は、コンクリート表面をハンマなどにより打撃した際の打撃音をセンサで受信し、コンクリート表層部の（ロ）浮きや空隙箇所などを把握する方法である。

（3） 電磁波レーダ法は、比誘電率の異なる物質の境界において電磁波の反射が生じることを利用するもので、コンクリート中の（ハ）鉄筋のかぶりの厚さや（ニ）鉄筋位置を調べることができる。

（4） 赤外線法は、熱伝導率が異なることを利用して表面（ホ）温度の分布状況から、（ロ）浮きやはく離などの箇所を非接触で調べる方法である。

【解答例】

（イ）	（ロ）	（ハ）	（ニ）	（ホ）
含水	浮き	鉄筋のかぶり	鉄筋位置	温度

アドバイス

鉄筋の加工・組立てや継手についての検査、コンクリート構造物の品質管理で用いられる非破壊試験についても理解を深めておこう！

5章 安全管理

5-1 労働安全衛生法

1. 安全衛生管理体制

労働安全衛生法は、労働災害の防止のための危害防止基準の確立、責任体制の明確化および自主的活動の促進の措置を講じるなど、その防止に関する総合的で計画的な対策を推進することにより、職場における労働者の安全と健康を確保し、快適な職場環境の形成を促進することを目的としている。このため、事業所の規模に応じた安全衛生管理体制をとる必要がある。

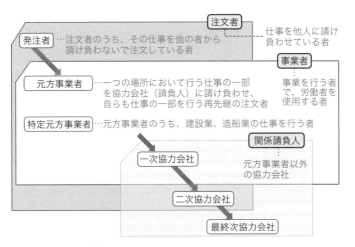

🔵 **建設工事に関係するさまざまな立場**

下請混在現場における安全衛生管理組織

建設現場では、元請け・下請け、共同企業体など、それぞれの所属業者の異なった労働者が混在して作業を行うことが多い。元請業者（特定元方事業者）は、同一現場で常時50人以上（トンネル（隧道）掘削や圧気工法による作業では常時30人以上）の労働者がいる場合は、統括安全衛生責任者を選任しなければならない。

● 特定元方事業者が選任するもの

選任する責任者・組織	必要とされる条件	役割など
統括安全衛生責任者	同一場所で混在して作業を行う労働者が常時50人以上の場合に選任 ※ずい道や橋梁での作業場所の狭い場合や、圧気工法による場合は常時30人以上で選任する	事業の実施についての統括管理権限と責任を負う協議組織の設置・運営、作業間の連絡、作業場所の巡視、関係請負人の行う安全衛生教育の指導・援助、工程計画、機械設備の配置計画、法令上の措置についての指導といった統括管理の役割がある
元方安全衛生管理者	統括安全衛生責任者が選任された事務所	統括安全衛生責任者が統括管理すべき役割のうち、技術的事項を管理する特定元方事業者から選任
安全衛生責任者	統括安全衛生責任者が選任された事務所。請負人からの選任	統括安全衛生責任者との連絡や、受けた連絡事項の関係者への連絡と管理、労働災害にかかる危険の有無の確認など

● 事業所ごと（元請、下請それぞれ）に選任、設置するもの

選任する責任者・組織	必要とされる条件	役割など
統括安全衛生管理者	常時100人以上の労働者を使用する事業場で選任	事業の運営を統括管理する者で、安全衛生に関する実質的な統括管理する権限と責任を有する
安全管理者 衛生管理者	常時50人以上の労働者を使用する事業場で選任	事業者または統括安全衛生管理者の指揮の下で、安全と衛生に関する技術的事項を管理する
安全衛生推進者	常時10以上50人未満の事業場で選任（総括安全衛生管理者に代わり選任）	労働安全衛生業務（職場の点検、健康診断や健康保持推進の措置、安全衛生教育、労働災害の防止など）を担当する
産業医	常時50人以上の労働者を使用する事業場で、医師のうちから選任	労働者の健康管理（健康診断の実施と措置、作業環境の維持管理、衛生教育、健康障害の調査・再発防止など）を担当。事業者に勧告できる
安全委員会 衛生委員会 安全衛生委員会	常時50人以上の労働者を使用する事業場で設けられる	それぞれ以下の目的のため、基本的な対策などに関することを調査審議させ、事業者に意見を述べることにしている ・安全委員会：労働者の危険を防止するため ・衛生委員会：労働者の健康障害を防止するため ※それぞれの委員会の設置にかえて安全衛生委員会を設けることができる

※ 作業主任者の選任については、次項で解説する。

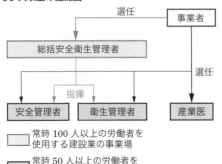

安全衛生管理体制（組織図）

● 50 人以上の組織図

● 10〜49人の組織図

選任

事業者

総括安全衛生管理者

選任

指揮

安全管理者　　衛生管理者　　産業医

　常時 100 人以上の労働者を
　使用する建設業の事業場

　常時 50 人以上の労働者を
　使用する建設業の事業場

事業者

選任

安全衛生推進者

　常時 10〜49 人の労働者を
　使用する建設業の事業場

➡ 安全衛生管理体制

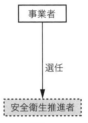

5-2　災害防止対策

1. 建設工事公衆災害防止対策

　建設工事の施工では、道路法、道路交通法、騒音規制法、振動規制法、水質汚濁防止法、労働安全衛生法などの法令と、関係する通達や工事許可条件などに示される関係諸基準を遵守することは当然のことである。しかし、これらは公衆災害防止の観点から体系的に整備されているわけではないので、「建設工事公衆災害防止対策要綱」により、公衆災害を防止するために遵守すべき計画、設計および施工上の基準を明らかにし、公衆災害防止対策としている。

　なお、公衆災害とは、公衆の生命、身体、財産に対する危害ならびに迷惑をいう。

施工前の主な対策

- 発注者および施工者は、土木工事による公衆への危険性を最小化するため、原則として、工事範囲を敷地内に収める施工計画の作成および工法選定を行う。
- 施工者は、土木工事に先立ち、危険性の事前評価（リスクアセスメント）を通じて、現場での各種作業における公衆災害の危険性を可能な限り特定し、このリスクを低減するための措置を自主的に講じる。
- 施工者は、いかなる措置によっても危険性の低減が図られないことが想定される場合には、施工計画を作成する前に発注者と協議する。

基礎・応用記述 編

- 発注者および施工者は、他の建設工事に隣接、輻輳して土木工事を施工する場合には、発注者および施工者間で連絡調整を行い、歩行者などへの安全確保に努める。
- 発注者および施工者は、あらかじめ工事の概要および公衆災害防止に関する取組内容を付近の居住者などに周知するとともに、付近の居住者らの公衆災害防止に対する意向を可能な限り考慮する。
- 施工者は、工事着手前の施工計画立案時において強風、豪雨、豪雪時における作業中止の基準を定めるとともに、中止時の仮設構造物、建設機械、資材などの具体的な措置について定めておく。

作業場の主な対策
- 作業場を周囲から明確に区分し、この区域以外の場所を使用しない。
- 公衆が誤って作業場に立ち入ることのないよう、固定柵、またはこれに類する工作物を設置する。
- 固定柵の高さは 1.2 m 以上。道路上に設置するような移動柵は車道用ガードレールと同様の 0.8 m 以上 1 m 以下とし、長さは 1 m 以上 1.5 m 以下を標準とする。
- 移動柵の設置は交通流の上流から下流に向けて、撤去は交通流の下流から上流に向けて行う。
- 作業場の出入口には、原則として、引戸式の扉を設け、作業に必要のない限り、これを閉鎖しておくとともに、公衆の立入りを禁ずる標示板を掲げなければならない。ただし、車両の出入りが頻繁な場合、原則、交通誘導警備員を配置する。

道路敷の主な対策
- 道路管理者および所轄警察署長の指示するところに従い、道路標識、標示板などで必要なものを設置する。
- 工事用の諸施設を設置する必要がある場合は、周囲の地盤面から高さ 0.8 m 以上 2 m 以下の部分は、通行者の視界を妨げることのないような措置を講じる。
- 夜間施工する場合には、道路上または道路に接する部分に設置した柵などに沿って、高さ 1 m 程度のもので夜間 150 m 前方から視認できる光度を有する保安灯を設置する。

🔲 落下物による危険の防止

- 地上 4 m 以上の場所で作業する場合、作業する場所からふ角 75 度以上のところに一般の交通その他の用に供せられている場所があるときは、道路管理者へ安全対策を協議するとともに、作業する場所の周囲その他危害防止上必要な部分を落下の可能性のある資材などに対し、十分な強度を有する板材などで覆わなければならない。
- 資材の搬出入など落下の危険を伴う場合は、原則、交通誘導警備員を配置する。

🔲 架線、構造物などに近接した作業での主な留意点

- 架空線など上空施設への防護カバーの設置
- 作業場の出入り口などにおける高さ制限装置の設置
- 架空線など上空施設の位置を明示する看板などの設置
- 建設機械ブームなどの旋回・立入禁止区域などの設定
- 近接して施工する場合は交通誘導警備員の配置

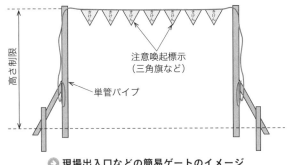

注意喚起標示
（三角旗など）

単管パイプ

高さ制限

▶ **現場出入口などの簡易ゲートのイメージ**

🔲 埋設物

- 試掘などによって埋設物を確認した場合は、その位置（平面・深さ）や周辺地質の状況などの情報を埋設物の管理者などに報告する。
- 工事施工中において、管理者の不明な埋設物を発見した場合、必要に応じて専門家の立会いを求め埋設物に関する調査を再度行い、安全を確認した後に措置する。
- 埋設物などの損傷の要因として「安全管理が不十分」、「事前調査の不足」、「図面・台帳との相違」などがあげられている。
- 施工段階では、①事前調査と試掘の実施、②目印表示と作業員への周知、などを、工事事故防止の重点的安全対策とする。
- 施工者は、可燃性物質の輸送管などの埋設物の付近において、溶接機、切断機など火気を伴う機械器具を使用してはならない。

2. 建設工事における労働災害防止対策

安全管理活動

日々の建設作業において、各種の事故を未然に防止するために次に示す方法などにより、安全管理活動を推進する。

- 事前打合せ、着手前打合せ、安全工程打合せ
- 安全朝礼（全体的指示伝達事項など）
- 安全ミーティング（個別作業の具体的指示、調整）
- 安全点検
- 安全訓練などの実施
- 工事関係者における連携の強化

飛来落下の防止措置

- 構造物の出入口と外部足場が交差する場所の出入口上部には、飛来落下の防止措置を講じる。また、安全な通路を指定する。
- 作業の都合上、ネット、シートなどを取り外したときは当該作業終了後すみやかに復元する。
- ネットは目的に合わせた網目のものを使用する。
- ネットに網目の乱れ、破損があるものは使用しないこと。また、破損のあるものは補修して使用する。
- シートは強風時（特に台風時）には足場に与える影響に留意し、巻き上げるなどの措置を講じる。

投下設備の設置

- 高さ3m以上の高所からの物体の投下を行わない。
- やむを得ず高さ3m以上の高所から物体を投下する場合には、投下設備を設け、立入禁止区域を設定して監視員を配置して行う。
- 投下設備はごみ投下用シュートまたは木製によるダストシュートなどのように、周囲に投下物が飛散しない構造とする。
- 投下設備先端と地上との間隔は投下物が飛散しないように、投下設備の長さ、勾配を考慮した設備とする。

アドバイス
　　建設工事における労働災害防止対策は多くの内容があるので、過去問を解いて、解答に必要な知識を深めておこう。

5-3 仮設工事の安全対策

1. 架設通路

通路のうち、両端が支点で支持され、架け渡されているものを架設通路（一般的に桟橋）という。架設通路は高所に架け渡される場合が多いので安全性確保のため丈夫な構造で、両側に墜落防止のための丈夫な手すりなどを設ける必要がある。

架設通路については、次に定めるものに適合したものでなければ使用してはならない。

① 丈夫な構造とする。

② 勾配は **30°** 以下とする（ただし、階段を設けたものや、高さが 2 m 未満で丈夫な手掛けを設けたものはこの限りでない）。

③ 勾配が **15°** を超えるものには、踏桟その他の滑り止めを設ける。

④ 墜落の危険のある箇所には高さ **85 cm** 以上の丈夫な手すりなどを設ける（ただし、作業上やむを得ない場合は、必要な部分を限って臨時にこれを取り外すことができる）。

⑤ 建設工事に使用する高さ 8 m 以上の登り桟橋には、**7 m** 以内ごとに踊り場を設ける。

2. 作業床

高さ 2 m 以上の箇所での作業や、スレート、床板などの屋根の上での作業では、作業床を設けなければならない。このような高さ 2 m 以上の箇所（作業床の端、開口部などを除く）で作業を行う場合において、墜落の危険のあるときは、足場を組み立てるなどの方法で作業床を設ける。

• 作業床を設けることが困難な場合は、防網を張り、労働者に要求性能墜落制止用器具を使用させるなど、労働者の墜落による危険を防止するための措置を講じる。

• 高さが 2 m 以上の作業床の床材の隙間は **3 cm** 以下とする。床材は十分な強度を有するものを使用する。

• 高さが 2 m 以上の箇所で作業を行うときは、作業を安全に行うために必要な照度を保持すること。

基礎・応用記述 編

5-4　足場の組立て・解体

1. 足場の組立て、解体などの作業

- 組立て、解体または変更の時期、範囲および順序を、この作業に従事する労働者に周知させ、この作業を行う区域内には、関係労働者以外の労働者の立入りを禁止する。
- 強風、大雨、大雪などの悪天候のため、作業の実施について危険が予想されるときは、作業を中止する。
- 足場材の緊結、取外し、受渡しなどの作業では、幅 20 cm 以上の足場板を設け、労働者に安全帯を使用させるなど、労働者の墜落による危険を防止するための措置を講じる。
- 材料、器具、工具などを上げる、または下ろすときは、吊り綱、吊り袋などを労働者に使用させる。

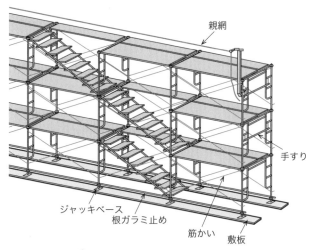

親綱

手すり

ジャッキベース
根ガラミ止め
筋かい
敷板

● 階段を用いた枠組足場のイメージ

2. 足場における作業床

　足場（一足足場を除く）の高さが 2 m 以上の作業場所には、次の要件を満たす作業床を設けなければならない。

作業床の幅、床材間の隙間など（吊り足場の場合を除く）

- 幅は 40 cm 以上、床材間の隙間は 3 cm 以下
- 床材と建地との隙間は 12 cm 未満

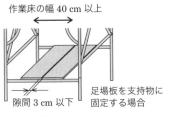

作業床の幅 40 cm 以上

隙間 3 cm 以下　足場板を支持物に固定する場合

▶ 作業床の幅、隙間

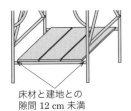

床材と建地との隙間 12 cm 未満

▶ 作業床の設置

墜落による危険のおそれのある箇所

- 枠組足場では、交差筋かい＋桟（高さ 15 cm 以上 40 cm 以下の位置）、または交差筋かい＋高さ 15 cm 以上の幅木など、手すり枠、のいずれか。
- 枠組足場以外の足場では、手すりなど（高さ 85 cm）＋中桟など（高さ 35 cm 以上 50 cm 以下）

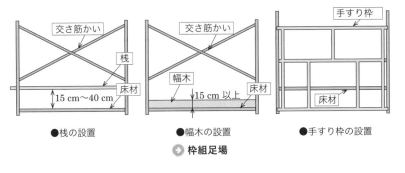

交さ筋かい　桟　床材　15 cm〜40 cm

●桟の設置

交さ筋かい　幅木　床材　15 cm 以上

●幅木の設置

手すり枠　床材

●手すり枠の設置

▶ 枠組足場

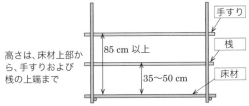

高さは、床材上部から、手すりおよび桟の上端まで

手すり　桟　床材　85 cm 以上　35〜50 cm

▶ 枠組足場以外の足場（単管足場、くさび緊結式足場など）

腕木、布、梁、脚立、その他作業床の支持物

これにかかる荷重によって破壊するおそれのないものを使用する。

基礎・応用記述 編

- 吊り足場の場合を除き、床材は、転位し、または脱落しないように二つ以上の支持物に取り付ける。
- 物体の落下防止措置として、高さ 10 cm 以上の幅木、メッシュシート、もしくは防網などを設ける。

3. 足場の点検

- 強風（10 分間の平均風速毎秒 10 m 以上）、大雨（1 回の降雨量が 50 mm 以上）、大雪（1 回の降雪量が 25 cm 以上）の悪天候の後。
- 中震（震度 4）以上の地震の後。
- 足場の組立て、一部解体もしくは変更の後。

4. 作業主任者の選任

次の作業については、足場の組立て等作業主任者技能講習を修了した者のうちから、足場の組立て等作業主任者を選任しなければならない。
- 吊り足場（ゴンドラの吊り足場を除く）の組立て、解体、変更の作業
- 張出足場の組立て、解体、変更の作業
- 高さが 5 m 以上の構造の足場の組立て、解体、変更の作業

5-5 型枠支保工

1. 型枠支保工の安全対策

- 型枠支保工の材料は、著しい損傷、変形または腐食があるものを使用してはならない。
- 型枠支保工は、型枠の形状、コンクリートの打設の方法などに応じた堅固な構造のものでなければ、使用してはならない。
- 型枠支保工を組み立てるときは、組立図を作成し、この組立図により組み立てなければならない。組立図には、支柱、はり、つなぎ、筋かいなどの部材の配置、接合の方法および寸法を示す。
- 敷角の使用、コンクリートの打設、杭の打込みなど支柱の沈下を防止するための措置を講じること。

- 支柱の脚部の固定、根がらみの取付けなど支柱の脚部の滑動を防止するための措置を講じること。
- 支柱の継手は、突合せ継手または差込み継手とすること。
- 鋼材と鋼材との接続部および交差部は、ボルト、クランプなどの金具を用いて緊結すること。

2. 作業主任者の選任

型枠支保工の組立てまたは解体の作業については、作業主任者技能講習を修了した者のうちから、型枠支保工の組立て等作業主任者を選任しなければならない。

5-6 土留め支保工

1. 土留め支保工の構造

- 土留め支保工には、土圧、水圧のほか、周辺の活荷重・死荷重、衝撃荷重などさまざまな荷重が作用している。
- 覆工板を用いて覆うときは、覆工板からの鉛直荷重が杭に作用する。

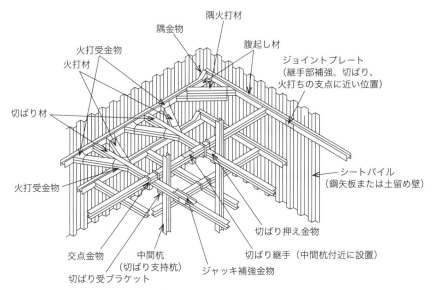

土留め支保工の各部名称

5-7 掘削作業（明かり掘削）

1. 掘削作業の安全対策

　地山の掘削では、地山の崩壊、埋設物などの損壊などにより労働者に危険を及ぼすおそれのあるときは、あらかじめ作業箇所とその周辺の地山について、次の事項をボーリングやその他の適当な方法により調査し、その結果に適応する掘削の時期、順序を定め、これに従って掘削作業を行う。

> **➡ 工事箇所などの調査のポイント**
> ・形状、地質および地層の状態
> ・き裂、含水、湧水および凍結の有無および状態
> ・埋設物などの有無および状態
> ・高温のガスおよび蒸気の有無および状態

2. 掘削面の勾配

　手掘りにより地山の掘削の作業を行うときは、地山の種類および掘削面の高さに応じ、掘削面の勾配を次表の値以下とする。なお、掘削面に傾斜の異なる部分があるため、その勾配が算定できないときは、それぞれの掘削面については基準に従い、それよりも崩壊の危険が大きくならないように各部分の傾斜を保持しなければならない。

⊃ 手掘り掘削の安全基準

地山の種類	掘削面の高さ (m)	掘削面の勾配 (°)
岩盤または堅い粘土からなる地山	5 未満	90
	5 以上	75
その他の地山	2 未満	90
	2 以上 5 未満	75
	5 以上	60
砂からなる地山	掘削面の勾配を 35° 以下 または掘削面の高さを 5 m 未満	
発破などにより崩壊しやすい状態になっている地山	掘削面の勾配を 45° 以下 または掘削面の高さを 2 m 未満	

手掘り：パワーショベル、トラクタショベルなどの掘削機械を用いないで行う掘削の方法
地　山：崩壊または岩石の落下の原因となるき裂がない岩盤からなる地山（砂からなる地山および発破などにより崩壊しやすい状態になっている地山を除く）
掘削面：掘削面に奥行きが 2 m 以上の水平な段があるときは、この段により区切られるそれぞれの掘削面をいう

3. 点検

　地山の崩壊や土石の落下による労働者の危険を防止するため、点検者を指名して次の措置を講じなければならない。

- ・作業箇所とその周辺の地山について、その日の作業を開始する前、大雨の後および中震以上の地震の後、浮石・き裂の有無と状態、含水・湧水と凍結の状態の変化を点検。
- ・発破を行った後、この発破を行った箇所とその周辺の浮石・き裂の有無と状態を点検。

4. 地山の崩壊などによる危険の防止

　地山の崩壊や土石の落下により労働者に危険を及ぼすおそれのあるときは、あらかじめ土止め支保工を設け、防護網を張り、労働者の立入りを禁止するなどの危険防止措置を講じなければならない。

5. 作業主任者

　掘削面の高さが 2 m 以上となる地山の掘削については、地山の掘削作業主任者技能講習を修了した者のうちから、地山の掘削作業主任者を選任しなければならない。

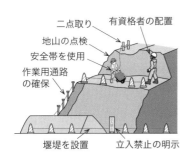
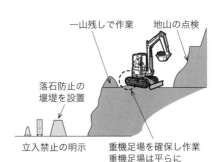

● 掘削作業のイメージ

5-8　建設機械

1. 車両系建設機械

🔧 **構造**

🚜 **前照灯の設置**

　車両系建設機械には、前照灯を備えなければならない。

　ただし、作業を安全に行うため必要な照度が保持されている場所において使用する車両系建設機械については、この限りでない。

🚜 **ヘッドガードの設置**

　岩石の落下などにより労働者が危険になる場所で車両系建設機械（ブルドーザ、トラクタショベル、ずり積機、パワーショベル、ドラグショベルおよびブレーカに限る）を使用するときは、この車両系建設機械に堅固なヘッドガードを備えなければならない。

🔧 **調査および記録**

　車両系建設機械を用いて作業を行うときは、この車両系建設機械の転落、地山の崩壊などによる労働者の危険を防止するため、あらかじめ、その作業に関わる場所について地形、地質の状態などを調査し、その結果を記録しておかなければならない。

🔧 **作業計画**

　車両系建設機械を用いて作業を行うときは、あらかじめ調査で把握した状況に適応する作業計画を定め、作業計画により作業を行わなければならない。また、作業計画を定めたときは関係労働者に周知しなければならない。作業計画には、次の事項を示す。

- 使用する車両系建設機械の種類および能力
- 車両系建設機械の運行経路
- 車両系建設機械による作業の方法

🔧 **制限速度**

　車両系建設機械（最高速度が毎時 10 km 以下のものを除く）を用いて作業を行うときは、あらかじめ、当該作業に関わる場所の地形、地質の状態などに応じた車両系建設機械の適正な制限速度を定め、それにより作業を行わなければならない。

その際、車両系建設機械の運転者は、定められた制限速度を超えて車両系建設機械を運転してはならない。

転落などの防止

車両系建設機械を用いて作業を行うときは、車両系建設機械の転倒または転落による労働者の危険を防止するため、この車両系建設機械の運行経路について路肩の崩壊を防止すること、地盤の不等沈下を防止すること、必要な幅員を保持することなど必要な措置を講じなければならない。

路肩、傾斜地などで車両系建設機械を用いて作業を行う場合には、この車両系建設機械の転倒または転落により労働者に危険が生じるおそれのあるときは、誘導者を配置して誘導させなければならない。

接触の防止

車両系建設機械を用いて作業を行うときは、運転中の車両系建設機械に接触することにより労働者に危険が生じるおそれのある箇所に、労働者を立ち入らせてはならない。ただし、誘導者を配置し、その者にこの車両系建設機械を誘導させるときはこの限りではない。

合図

事業者は、車両系建設機械の運転について誘導者を置くときは、一定の合図を定め、誘導者にその合図を行わせなければならない。

運転位置から離れる場合の措置

運転者は、車両系建設機械の運転位置から離れるときは、下記の措置を講じなければならない。

- バケット、ジッパーなどの作業装置を地上に下ろす。
- 原動機を止め、走行ブレーキをかけるなどして、逸走を防止する。

車両系建設機械の移送

事業者は、車両系建設機械を移送するため自走、またはけん引により貨物自動車などに積卸しを行う場合で、道板、盛土などを使用するときは、この車両系建設機械の転倒、転落などによる危険を防止するため、次のようにする。

- 積卸しは、平坦で堅固な場所において行う。
- 道板を使用するときは、十分な長さ、幅および強度を有する道板を用い、適当な勾配で確実に取り付ける。
- 盛土、仮設台などを使用するときは、十分な幅、強度および勾配を確保する。

基礎・応用記述 編

▇ 搭乗の制限、使用の制限

▟ 搭乗の制限

車両系建設機械を用いて作業を行うときは、乗車席以外の箇所に労働者を乗せてはならない。

▟ 使用の制限

車両系建設機械を用いて作業を行うときは、転倒およびブーム、アームなどの作業装置の破壊による労働者の危険を防止するため、構造上定められた安定度、最大使用荷重などを守らなければならない。

▇ 主たる用途以外の使用の制限

パワーショベルによる荷の吊上げ、クラムシェルによる労働者の昇降など、車両系建設機械を主たる用途以外の用途に使用してはならない。ただし、荷の吊上げの作業を行う場合で、次のいずれかに該当する場合には適用しない。

- 作業の性質上止むを得ないとき、または安全な作業の遂行上必要なとき
- アーム、バケットなどの作業装置に強度などの条件を満たすフック、シャックルなどの金具、その他の吊上げ用の器具を取り付けて使用するとき
- 荷の吊上げの作業以外の作業を行う場合であって、労働者に危険を及ぼすおそれのないとき

▇ 定期自主点検など

車両系建設機械については、1年以内ごとに1回、定期に自主検査を行わなければならない。ただし、1年を超える期間使用しない車両系建設機械の当該の使用しない期間においては、この限りでない（使用を再開の際に、自主検査を行う）。この検査結果の記録は3年間保存しておく。

車両系建設機械を用いて作業を行うときは、その日の作業を開始する前に、ブレーキおよびクラッチの機能について点検しなければならない。

2. 移動式クレーン（クレーン等安全規則）

▇ 過負荷の制限、傾斜角の制限

▟ 過負荷の制限

移動式クレーンにその定格荷重を超える荷重をかけて使用してはならない。

▟ 傾斜角の制限

移動式クレーンについては、移動式クレーン明細書に記載されているジブの傾斜角の範囲を超えて使用してはならない。なお、吊上げ荷重が3t未満の移動式クレーンにあっては、これを製造した者が指定したジブの傾斜角とする。

定格荷重の表示など

移動式クレーンを用いて作業を行うときは、移動式クレーンの運転者および玉掛けをする者がこの移動式クレーンの定格荷重を常時知ることができるよう、表示その他の措置を講じなければならない。

使用の禁止

地盤が軟弱であること、埋設物その他地下に存する工作物が損壊するおそれがあることなどにより移動式クレーンが転倒するおそれのある場所においては、移動式クレーンを用いての作業を行ってはならない。

ただし、この場所において、移動式クレーンの転倒を防止するため必要な広さ、および強度を有する鉄板などを敷設し、その上に移動式クレーンを設置しているときは、この限りでない。

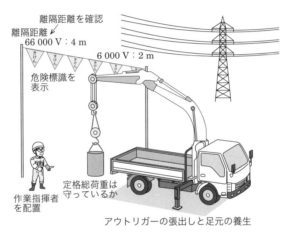

離隔距離を確認
離隔距離
66 000 V：4 m
6 000 V：2 m
危険標識を表示
定格総荷重は守っているか
作業指揮者を配置
アウトリガーの張出しと足元の養生

➤ **移動式クレーン作業準備のイメージ**

アウトリガーなどの張出し

アウトリガーのある移動式クレーンや拡幅式クローラのある移動式クレーンを用いての作業では、アウトリガーまたはクローラを最大限に張り出さなければならない。

ただし、アウトリガーまたはクローラを最大限に張り出すことができない場合、移動式クレーンにかける荷重が張出幅に応じた定格荷重を下回ることが確実に見込まれるときは、この限りでない。

運転の合図

移動式クレーンを用いて作業を行うときは、移動式クレーンの運転について一定の合図を定め、合図を行う者を指名して、その者に合図を行わせなければならない。ただし、移動式クレーンの運転者に単独で作業を行わせるときは、この限りでない。

指名を受けた者がこの作業に従事するときは、定められた合図を行い、作業に従事する労働者は、この合図に従わなければならない。

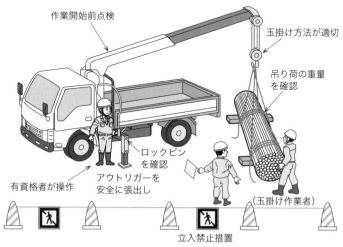

作業開始前点検

玉掛け方法が適切

吊り荷の重量を確認

ロックピンを確認

有資格者が操作

アウトリガーを安全に張出し

（玉掛け作業者）

立入禁止措置

⊙ **移動式クレーン作業のイメージ**

立入禁止

移動式クレーンによる作業では、上部旋回体と接触することにより、労働者に危険が生じるおそれのある箇所に労働者を立ち入らせない。

搭乗の制限など

移動式クレーンにより、労働者を運搬、あるいは労働者を吊り上げて作業させない。

ただし、搭乗制限の規定にかかわらず、作業の性質上止むを得ない場合または安全な作業の遂行上必要な場合は、移動式クレーンの吊り具に専用の搭乗設備を設けて労働者を乗せることができる。

この場合、事業者は搭乗設備について、墜落による労働者の危険を防止するため次の事項を行わなければならない。

• 搭乗設備の転位および脱落を防止する措置を講じる。

• 労働者に安全帯などを使用させる。

- 搭乗設備と搭乗者との総重量の 1.3 倍に相当する重量に 500 kg を加えた値が、当該移動式クレーンの定格荷重を超えない。
- 搭乗設備を下降させるときは、動力下降の方法による。

■ 運転位置からの離脱の禁止

移動式クレーンの運転者を、荷を吊ったままで、運転位置から離れさせてはならない。また、移動式クレーンの運転者は、荷を吊ったままで、運転位置を離れてはならない。

■ 強風時の作業中止

強風のため移動式クレーンによる実施に危険が予想されるときは、その作業を中止する。

この場合、移動式クレーンが転倒するおそれのあるときは、ジブの位置を固定させるなどにより、移動式クレーンの転倒による労働者の危険を防止するための措置を講じる。

■ 定期自主点検など

- 移動式クレーンを設置した後、1 年以内ごとに 1 回、定期的に自主検査を行う。ただし、1 年を超える期間使用しない移動式クレーンの使用しない期間においては、この限りでない（使用を再開の際に、自主検査を行う）。
- 移動式クレーンは、1 か月以内ごとに 1 回、定期的に巻過防止装置その他の安全装置、過負荷警報装置その他の警報装置、ブレーキおよびクラッチの異常の有無などについて自主検査を行う。ただし、1 か月を超える期間使用しない場合はこの限りでない（使用を再開する際に、自主検査を行う）。
- 移動式クレーンを用いて作業を行うときは、その日の作業を開始する前に、巻過防止装置、過負荷警報装置その他の警報装置、ブレーキ、クラッチおよびコントローラの機能について点検を行う。
- 上記の自主検査の結果を記録し、3 年間保存する。

《《《問題１》》》 地下埋設物・架空線などに近接した作業にあたって、施工段階で実施する具体的な対策について、次の文章の ____ の（イ）～（ホ）に当てはまる**適切な語句**を解答欄に記述しなさい。

(1) 掘削影響範囲に埋設物があることがわかった場合、その ＿(イ)＿ および関係機関と協議し、関係法令などに従い、防護方法、立会の必要性および保安上の必要な措置などを決定すること。

(2) 掘削断面内に移設できない地下埋設物がある場合は、 ＿(ロ)＿ 段階から本体工事の埋戻し、復旧の段階までの間、適切に埋設物を防護し、維持管理すること。

(3) 工事現場における架空線など上空施設について、建設機械などのブーム、ダンプトラックのダンプアップなどにより、接触や切断の可能性があると考えられる場合は次の保安措置を行うこと。

① 架空線など上空施設への防護カバーの設置

② 工事現場の出入り口などにおける ＿(ハ)＿ 装置の設置

③ 架空線など上空施設の位置を明示する看板などの設置

④ 建設機械のブームなどの旋回・ ＿(ニ)＿ 区域などの設定

(4) 架空線など上空施設に近接した工事の施工にあたっては、架空線などと機械、工具、材料などについて安全な ＿(ホ)＿ を確保すること。

解説 （1）掘削影響範囲に埋設物があることがわかった場合、その（イ）埋設物の管理者および関係機関と協議し、関係法令などに従い、防護方法、立会の必要性及および保安上の必要な措置などを決定すること。

（2）掘削断面内に移設できない地下埋設物がある場合は、（ロ）試掘段階から本体工事の埋戻し、復旧の段階までの間、適切に埋設物を防護し、維持管理すること。

（3）工事現場における架空線など上空施設について、建設機械などのブーム、ダンプトラックのダンプアップなどにより、接触や切断の可能性があると考えられる場合は次の保安措置を行うこと。

①架空線など上空施設への防護カバーの設置

②工事現場の出入口などにおける（ハ）高さ制限装置の設置

③架空線など上空施設の位置を明示する看板などの設置

④建設機械のブームなどの旋回・(ニ)立入禁止区域などの設定

(4) 架空線など上空施設に近接した工事の施工にあたっては、架空線などと機械、工具、材料などについて安全な(ホ)離隔を確保すること。

【解答例】

(イ)	(ロ)	(ハ)	(ニ)	(ホ)
埋設物の管理者	試掘	高さ制限	立入禁止	離隔

《《《問題2》》》 建設工事の現場における墜落などによる危険の防止に関する労働安全衛生法令上の定めについて、次の文章の □ の (イ) 〜 (ホ) に当てはまる**適切な語句または数値**を解答欄に記述しなさい。

(1) 事業者は、高さが2m以上の □(イ)□ の端や開口部などで、墜落により労働者に危険を及ぼすおそれのある箇所には、囲い、手すり、覆いなどを設けなければならない。

(2) 墜落制止用器具は □(ロ)□ 型を原則とするが、墜落時に □(ロ)□ 型の墜落制止用器具を着用する者が地面に到達するおそれのある場合（高さが6.75m以下）は胴ベルト型の使用が認められる。

(3) 事業者は、高さまたは深さが □(ハ)□ m をこえる箇所で作業を行うときは、当該作業に従事する労働者が安全に昇降するための設備などを設けなければならない。

(4) 事業者は、作業のため物体が落下することにより労働者に危険を及ぼすおそれのあるときは、□(ニ)□ の設備を設け、立入区域を設定するなど当該危険を防止するための措置を講じなければならない。

(5) 事業者は、架設通路で墜落の危険のある箇所には、高さ □(ホ)□ cm 以上の手すりなどと、高さが35cm以上50cm以下の桟などの設備を設けなければならない。

解説　(1) 事業者は、高さが2m以上の(イ)作業床の端や開口部などで、墜落により労働者に危険を及ぼすおそれのある箇所には、囲い、手すり、覆いなどを設けなければならない。

(2) 墜落制止用器具は(ロ)フルハーネス型を原則とするが、墜落時に(ロ)フルハーネス型の墜落制止用器具を着用する者が地面に到達するおそれのある場合（高さが6.75m以下）は胴ベルト型の使用が認められる。

(3) 事業者は、高さまたは深さが(ハ)1.5 m をこえる箇所で作業を行うとき

は、当該作業に従事する労働者が安全に昇降するための設備などを設けなければならない。

（4）事業者は、作業のため物体が落下することにより労働者に危険を及ぼすおそれのあるときは、（二）防網の設備を設け、立入区域を設定するなど当該危険を防止するための措置を講じなければならない。

（5）事業者は、架設通路で墜落の危険のある箇所には、高さ口（ホ）85 cm 以上の手すりなどと、高さが 35 cm 以上 50 cm 以下の桟などの設備を設けなければならない。

【解答例】

（イ）	（ロ）	（ハ）	（二）	（ホ）
作業床	フルハーネス	1.5	防網	85

《《《問題3》》》建設工事現場で事業者が行うべき労働災害防止の安全管理に関する次の文章の①〜⑥のすべてについて、労働安全衛生法令などで定められている語句または数値の誤りが文中に含まれている。

　①〜⑥から **5つ選び、その番号、「誤っている語句または数値」および「正しい語句または数値」**を解答欄に記述しなさい。

① 高所作業車を用いて作業を行うときは、あらかじめ当該高所作業車による作業方法を示した作業計画を定め、関係労働者に周知させ、当該作業の指揮者を届け出て、その者に作業の指揮をさせなければならない。

② 高さが3 m 以上のコンクリート造の工作物の解体などの作業を行うときは、工作物の倒壊、物体の飛来または落下などによる労働者の危険を防止するため、あらかじめ当該工作物の形状、き裂の有無、周囲の状況などを調査し作業計画を定め、作業を行わなければならない。

③ 土石流危険河川において建設工事の作業を行うときは、作業開始時にあっては当該作業開始前 48 時間における降雨量を、作業開始後にあっては1時間ごとの降雨量を、それぞれ雨量計などにより測定し、記録しておかなければならない。

④ 支柱の高さが3.5 m 以上の型枠支保工を設置するときは、打設しようとするコンクリート構造物の概要、構造や材質および主要寸法を記載した書面および図面などを添付して、組立開始 14 日前までに所轄の労働基準監督署長に提出しなければならない。

⑤　下水道管きょなどで酸素欠乏危険作業に労働者を従事させる場合は、当該作業を行う場所の空気中の酸素濃度を 18% 以上に保つよう換気しなければならない。しかし爆発など防止のため換気することができない場合などは、労働者に防毒マスクを使用させなければならない。

⑥　土留め支保工の切ばりおよび腹起こしの取付けは、脱落を防止するため、矢板、杭などに確実に取り付けるとともに、火打ちを除く圧縮材の継手は重ね継手としなければならない。

解説 ①高所作業車を用いて作業を行うときは、あらかじめ当該高所作業車による作業方法を示した作業計画を定め、関係労働者に周知させ、当該作業の指揮者を定めて、その者に作業の指揮をさせなければならない。

②高さが 5 m 以上のコンクリート造の工作物の解体などの作業を行うときは、工作物の倒壊、物体の飛来または落下などによる労働者の危険を防止するため、あらかじめ当該工作物の形状、き裂の有無、周囲の状況などを調査し作業計画を定め、作業を行わなければならない。

③土石流危険河川において建設工事の作業を行うときは、作業開始時にあっては当該作業開始前 24 時間における降雨量を、作業開始後にあっては 1 時間ごとの降雨量を、それぞれ雨量計などにより測定し、記録しておかなければならない。

④支柱の高さが 3.5 m 以上の型枠支保工を設置するときは、打設しようとするコンクリート構造物の概要、構造や材質および主要寸法を記載した書面および図面などを添付して、組立開始 30 日前までに所轄の労働基準監督署長に提出しなければならない。

⑤下水道管きょなどで酸素欠乏危険作業に労働者を従事させる場合は、当該作業を行う場所の空気中の酸素濃度を 18% 以上に保つよう換気しなければならない。しかし爆発など防止のため換気することができない場合などは、労働者に空気呼吸器を使用させなければならない。

⑥土留め支保工の切ばりおよび腹起こしの取付けは、脱落を防止するため、矢板・杭などに確実に取り付けるとともに、火打ちを除く圧縮材の継手は突合せ継手としなければならない。

基礎・応用記述 編

【解答例】 次の中から **5** つを選んで解答するとよい。

番号	誤っている語句または数値	正しい語句または数値
①	届け出	定め
②	3 m	5 m
③	48 時間	24 時間
④	14 日前	30 日前
⑤	防毒マスク	空気呼吸器
⑥	重ね継手	突合せ継手

《《《問題4》》》 労働安全衛生規則に定められている、事業者の行う足場などの点検時期、点検事項および安全基準に関する次の文章の □□□ の（イ）〜（ホ）に当てはまる**適切な語句または数値**を解答欄に記述しなさい。

(1) 足場における作業を行うときは、その日の作業を開始する前に、足場用墜落防止設備の取り外しおよび （イ） の有無について点検し、異常を認めたときは、直ちに補修しなければならない。

(2) 強風、大雨、大雪などの悪天候もしくは （ロ） 以上の地震などの後において、足場における作業を行うときは、作業を開始する前に点検し、異常を認めたときは、直ちに補修しなければならない。

(3) 鋼製の足場の材料は、著しい損傷、 （ハ） または腐食のあるものを使用してはならない。

(4) 架設通路で、墜落の危険のある箇所には、高さ 85 cm 以上の （ニ） またはこれと同等以上の機能を有する設備を設ける。

(5) 足場における高さ 2m 以上の作業場所で足場板を使用する場合、作業床の幅は （ホ） cm 以上で、床材間の隙間は、3 cm 以下とする。

解説 (1) 足場における作業を行うときは、その日の作業を開始する前に、足場用墜落防止設備の取り外しおよび（イ）脱落の有無について点検し、異常を認めたときは、直ちに補修しなければならない。

(2) 強風、大雨、大雪などの悪天候もしくは（ロ）中震以上の地震などの後において、足場における作業を行うときは、作業を開始する前に点検し、異常を認めたときは、直ちに補修しなければならない。

(3) 鋼製の足場の材料は、著しい損傷、（ハ）変形または腐食のあるものを使用してはならない。

(4) 架設通路で、墜落の危険のある箇所には、高さ 85 cm 以上の（ニ）手すりま

たはこれと同等以上の機能を有する設備を設ける。

（5）足場における高さ 2 m 以上の作業場所で足場板を使用する場合、作業床の幅は（ホ）40 cm 以上で、床材間の隙間は、3 cm 以下とする。

【解答例】

（イ）	（ロ）	（ハ）	（ニ）	（ホ）
脱落	中震	変形	手すり	40

《《《問題5》》》車両系建設機械による労働災害防止のため、労働安全衛生規則の定めにより事業者が実施すべき安全対策に関する次の文章の ☐ の（イ）〜（ホ）に当てはまる**適切な語句**を解答欄に記述しなさい。

(1) 岩石の落下などにより労働者に危険が生ずるおそれのある場所で、ブルドーザ、トラクタショベル、パワーショベルなどを使用するときは、当該車両系建設機械に堅固な （イ） を備えなければならない。

(2) 車両系建設機械の転落、地山の崩壊などによる労働者の危険を防止するため、あらかじめ、当該作業に係る場所について地形、地質の状態などを調査し、その結果を （ロ） しておかなければならない。

(3) 路肩、傾斜地などであって、車両系建設機械の転倒または転落により運転者に危険が生ずるおそれのある場所においては、転倒時 （ハ） を有し、かつ、 （ニ） を備えたもの以外の車両系建設機械を使用しないように努めるとともに、運転者に （ニ） を使用させるように努めなければならない。

(4) 車両系建設機械の転倒やブームまたはアームなどの破壊による労働者の危険を防止するため、その構造上定められた安定度、 （ホ） 荷重などを守らなければならない。

解説 (1) 岩石の落下などにより労働者に危険が生ずるおそれのある場所で、ブルドーザ、トラクタショベル、パワーショベルなどを使用するときは、当該車両系建設機械に堅固な（イ）ヘッドガードを備えなければならない。

(2) 車両系建設機械の転落、地山の崩壊などによる労働者の危険を防止するため、あらかじめ、当該作業に係る場所について地形、地質の状態などを調査し、その結果を（ロ）記録しておかなければならない。

(3) 路肩、傾斜地などであって、車両系建設機械の転倒または転落により運転者に危険が生ずるおそれのある場所においては、転倒時（ハ）保護構造を有し、かつ（ニ）シートベルトを備えたもの以外の車両系建設機械を使用しないように努

めるとともに運転者に（ニ）シートベルトを使用させるように努めなければならない。

（4）車両系建設機械の転倒やブームまたはアームなどの破壊による労働者の危険を防止するため、その構造上定められた安定度、（ホ）最大使用荷重などを守らなければならない。

【解答例】

（イ）	（ロ）	（ハ）	（ニ）	（ホ）
ヘッドガード	記録	保護構造	シートベルト	最大使用

《《《問題6》》》 建設工事現場における機械掘削および積込み作業中の事故防止対策として、労働安全衛生規則の定めにより、**事業者が実施すべき事項を5つ解答欄に記述しなさい。**

ただし、解答欄の（例）と同一内容は不可とする。※

※ 過去問出題文のまま。実際の解答用紙には例が提示されている。

解説

■ 機械掘削と積込み作業中の事故防止対策

「労働安全衛生規則」（第154〜167条、第355〜367条）の関連する規定を参考にしながら「事故防止対策」となるものを記述するとよい。

【解答例】 次の中から5つを選んで解答するとよい。

①	運搬機械などが、労働者の作業箇所に後進して接近するとき、または転落するおそれのあるときは、誘導者を配置し、機械を誘導させる
②	物体の飛来、落下による労働者の危険を防止するため、保護帽を着用させる
③	必要な照度を保持する
④	ガス導管、地中電線路その他地下にある工作物の損壊により危険を及ぼすおそれのあるときは、掘削機械、積込機械などを使用してはならない
⑤	地山の崩壊または土石の落下により労働者に危険を及ぼすおそれのあるときは、あらかじめ、土止め支保工を設け、防護網を張り、労働者の立入りを禁止するなどの措置を講じる
⑥	車両系建設機械の運行経路については、路肩の崩壊を防止すること、地盤の不等沈下を防止すること、必要な幅員を保持することなどの措置を講じる
⑦	シートベルトを備えたもの以外の車両系建設機械を使用しないように努めるとともに、運転者にシートベルトを使用させるように努める
⑧	車両系建設機械の運転者が運転位置から離れるときは、バケットなどの作業装置を地上に下ろすとともに、エンジンを止め、走行ブレーキをかけるなどの逸走を防止する措置を講じる

〈〈〈問題7〉〉〉 下図は移動式クレーンでボックスカルバートの設置作業を行っている現場状況である。

　この現場において**安全管理上必要な労働災害防止対策に関して「労働安全衛生規則」または「クレーン等安全規則」に定められている措置の内容**について、**5つ**解答欄に記述しなさい。

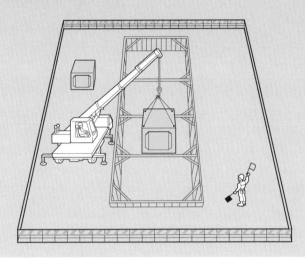

基礎・応用記述 編

解説 「クレーン等安全規則」の「**第三章　移動式クレーン　第64条〜78条**」が安全管理上から必要となる労働災害防止に関連する規定となっている。設問の図に当てはめて適切な事項を記入するとよい。

【解答例】　次の中から5つを選んで解答するとよい。

①	荷を吊り上げるときは、外れ止め装置を使用しなければならない
②	定格荷重をこえる荷重をかけて使用してはならない
③	移動式クレーン明細書に記載されているジブの傾斜角の範囲をこえて使用してはならない
④	地盤が軟弱であること、埋設物その他地下に存する工作物が損壊するおそれがあることなどにより移動式クレーンが転倒するおそれのある場所においては、移動式クレーンを用いて作業を行ってはならない
⑤	アウトリガーを使用する移動式クレーンを用いて作業を行うときは、アウトリガーを鉄板などの上で転倒するおそれのない位置に設置しなければならない
⑥	アウトリガーを有する移動式クレーン、または拡幅式のクローラを有する移動式クレーンを用いて作業を行うときは、アウトリガーまたはクローラを最大限に張り出さなければならない
⑦	移動式クレーンの運転について一定の合図を定め、合図を行う者を指名して、その者に合図を行わせなければならない
⑧	強風のため、移動式クレーンに係る作業の実施について危険が予想されるときは、作業を中止しなければならない

図では、合図者以外に作業員が描かれていないが、設問では「この現場におい
て」と条件が設定されているので次のような点も重要である。

- 移動式クレーンの上部旋回体と接触することにより労働者に危険が生ずるお
  それのある箇所に労働者を立ち入らせてはならない。
- 荷を吊ったままで、運転位置から離れてはならない。

6章 環境保全管理・建設副産物

6-1 環境保全管理

1. 環境保全計画

　土木工事に伴って、自然環境や生活環境に何らかの影響を発生することが多い。その影響により、地域社会とのトラブルに発展してしまうケースも少なくはなく、トラブル解決のために工事の工程や工事費などにも影響を及ぼしかねない。

　そのため、現場やその周辺を事前に調査して、関係法令の遵守、地域住民との合意形成などを行いながら、環境保全管理に努める必要がある。

環境保全計画の検討内容

自然環境の保全
- 植生の保護、生物の保護、土砂崩壊などの防止対策

公害などの防止
- 騒音、振動、ばい煙、粉じん、水質汚濁などの防止対策

近隣環境の保全
- 工事車両による沿道障害の防止対策
- 掘削などによる近隣建物などへの影響防止対策
- 土砂や排水の流出、井戸枯れ、電波障害、耕作地の踏み荒らしなどの事業損失の防止対策

現場作業環境の保全
- 騒音、振動、排気ガス、ばい煙、粉じんなどの防止対策

2. 騒音・振動防止対策

　建設工事においては、着手前の現況としての騒音・振動の状況（暗騒音、暗振動）を把握し、工事の実施による影響をあらかじめ予測して、使用機械の選定や配置、必要となる対策などを検討しておく必要がある。また、工事期間中も騒音・振動の状況を把握し、必要となる対策を講じる。

騒音・振動対策の基本的な方法

発生源対策
　騒音、振動の発生が少ない建設機械を用いるなどの発生源に対する対策。

基礎・応用記述 編

6-1　環境保全管理　**153**

‖‖ 伝播経路対策

騒音、振動の発生地点から、受音点・受振点までの距離を確保したり、途中に騒音・振動を遮断するために遮音壁・防振溝などの構造物を設けたりする方法。

‖‖ 受音点・受振点対策

受音点・受振点において、家屋などを防音構造や防振構造にするなどの対策。

3. 粉じん防止対策

粉じんは、岩塊やコンクリートなどのようなものを破砕したり、骨材などを選別するといった作業や集積に伴って発生したり、飛散する物質をいう。なお、燃料などの燃焼に伴って発生するばいじんなどの有害物質をばい煙という。

工事中の主な粉じん防止対策は次のようなものがある。

- 土砂運搬トラックの荷台をシートで覆う。
- 工事現場の出入口にタイヤの洗浄装置を設ける。
- 道路の清掃や散水。
- 仮囲いの設置。

4. 水質汚濁防止対策

建設工事では、排出水の浮遊粒子状物質（SS）、水素イオン濃度（pH）による水質汚濁が問題になるケースがある。

工事中の主な水質保全対策には、次のようなものがある。

- 沈殿池を設けて汚濁物質を沈降させる。
- 浮遊粒子状物質の沈降とともに凝集処理を行う。
- セメントや水ガラスなどの混入によるアルカリ性を中和処理する。

5. 土壌汚染対策

土壌汚染対策は、新たな土壌汚染を未然に防止することや、土壌汚染の状況把握、人への被害の防止といった目的がある。建設工事では、汚染土壌の運搬が問題になるケースがある。次に汚染土壌の運搬に関する主な対策を示す。

- 運搬による悪臭や騒音・振動などの生活環境に支障がないようにする。
- 運搬中に有害物質が飛散、あるいは悪臭を発散した際には、運搬を中止して、ただちに必要な対策を講じる。
- 運搬の過程で、汚染土壌と他のものを混合してはならない。
- 汚染土壌の積替えは、周囲に囲いが設けられ、必要な表示がある場所とする。

- 汚染土壌の保管は、積替えを行う場合を除き、行ってはならない。
- 汚染土壌の荷卸しや移動の際は、汚染土壌の飛散を防止する措置を講じる。

6. 近隣環境保全

工事用車両による沿道障害防止の留意事項（資材などの運搬計画）
- 通勤や通学、買物などの歩行者が多く、歩車道が分離されていない道路を避ける。
- 必要に応じて往路と復路を別経路にする。
- できるだけ舗装道路、広い幅員の道路を選ぶ。
- 急カーブ、急な縦断勾配の多い道路を避ける。
- 道路とその付近の状況に応じ、運搬車の走行速度に必要な制限を加える。
- 運搬路は十分に点検し、必要に応じ維持補修計画を検討する。
- 運搬物の量や投入台数、走行速度などを十分検討し、運搬車を選定する。
- 工事現場の出入口に、必要に応じて誘導員を配置する。

工事用車両による騒音、振動、粉じん発生防止の留意事項
- 待機場所を確保し、その待機場所では車両のエンジンを停止させる。
- 運搬路の維持修繕や補修は、あらかじめ計画に取り込んでおく。
- 過積載の禁止やシート掛けを徹底し、荷こぼれなどの防止に努める。
- タイヤの洗浄、泥落とし、路面の清掃を励行する。

各種事業損失の要因
- 地盤の掘削などに伴う周辺地盤の変状による建物や構造物への損傷被害。
- 工事関係車両などによる耕地の踏み荒らし被害。
- 建設現場からの土砂流出、排水による周辺の田畑や水路などへの被害。
- 地下水の水位低下、水質悪化による井戸、農作物や植木などへの被害。
- 鉄骨、クレーン、足場材などの設置に伴う電波障害。

基礎・応用記述 編

6-2　建設リサイクル法

1. 建設リサイクル法の概要

　建設リサイクル法（正式名称：建設工事に係る資材の再資源化等に関する法律）では、特定建設資材を用いた一定規模以上の工事について、受注者に対して分別解体や再資源化などを行うことを義務付けている。

　4品目の特定建設資材が廃棄物になったものが特定建設廃棄物である。

⮕ 建設リサイクル法の用語

建設資材廃棄物	建設資材が廃棄物になったもの
特定建設資材廃棄物	特定建設資材が廃棄物になったもの
特定建設資材	建設資材廃棄物になった場合に、その再資源化が、資源の有効な利用・廃棄物の減量を図るうえで、特に必要であり、再資源化が経済性の面において著しい制約がないものとして、建設資材のうち以下の4品目が定められている ・コンクリート　　・コンクリートおよび鉄からなる建設資材 ・木材　　・アスファルト・コンクリート

⮕ 特定建設資材と特定建設資材廃棄物

特定建設資材	特定建設資材廃棄物
コンクリート	コンクリート塊（コンクリートが廃棄物となったもの）
コンクリートおよび鉄からなる建設資材	コンクリート塊（コンクリート、および鉄からなる建設資材に含まれるコンクリートが廃棄物となったもの）
木　材	建設発生木材（木材が廃棄物となったもの）
アスファルト・コンクリート	アスファルト・コンクリート塊（アスファルト・コンクリートが廃棄物となったもの）

⮕ 建設リサイクル法の対象建設工事

対象建設工事の種類	規模の基準
建築物の解体工事	床面積の合計：80 m² 以上
建築物の新築・増築工事	床面積の合計：500 m² 以上
建築物の修繕・模様替など工事（リフォームなど）	工事費：1 億円以上
建築物以外の工作物の解体または新築工事（土木工事など）	工事費：500 万円以上

〔関連する義務〕
① 工事着手の7日前までに、発注者から都道府県知事に対して分別解体などの計画書を届け出る
② 工事の請負契約では、解体工事に要する費用や再資源化などに要する費用を明記する

2. 特定建設資材ごとの再資源化の留意点

特定建設資材ごとの利用方法をまとめる。内容は元請業者のすべきことであるが、それぞれに「発注者および施工者は、再資源化されたものの利用に努めなければならない」という規定もある。

● 特定建設資材ごとの留意点

コンクリート塊	分別されたコンクリート塊を破砕することなどにより、再生骨材、路盤材などとして再資源化をしなければならない
アスファルト・コンクリート塊	分別されたアスファルト・コンクリート塊を、破砕することなどにより再生骨材、路盤材などとして、または破砕、加熱混合することなどにより再生加熱アスファルト混合物などとして再資源化をしなければならない
建設発生木材	分別された建設発生木材をチップ化することなどにより、木質ボード、堆肥などの原材料として再資源化をしなければならない。また、原材料として再資源化を行うことが困難な場合などにおいては、熱回収をしなければならない

3. 指定建設資材廃棄物（建設発生木材）の特記事項

工事現場から最も近い再資源化のための施設までの距離が 50 km を超える場合、または再資源化施設までの道路が未整備の場合で、縮減（焼却など）のための運搬に要する費用の額が再資源化のための運搬に要する費用の額より低い場合については、再資源化に代えて縮減すれば足りる。

元請業者は、工事現場から発生する伐採木、伐根などは、再資源化などに努めるとともに、それが困難な場合には、適正に処理しなければならない。元請業者は、CCA 処理木材について、それ以外の部分と分離・分別し、それが困難な場合には、CCA が注入されている可能性がある部分を含めてこれをすべて CCA 処理木材として適正な焼却または埋立てを行わなければならない。

基礎・応用記述 編

6-3 資源有効利用促進法

1. 資源有効利用促進法の概要

資源有効利用促進法（正式名称：資源の有効な利用の促進に関する法律）は、資源の有効利用を促進するために、全業種に共通の制度的枠組みとなる一般的な仕組みを提供するものである。その具体的な規制として、建設リサイクル法が関連している。

建設副産物

建設副産物とは、建設工事に伴って副次的に得られたすべての物品のことを指す。その種類は、工事現場外に搬出された建設発生土、コンクリート塊、アスファルト・コンクリート塊、建設発生木材、建設汚泥、紙くず、金属くず、ガラスくず、コンクリートくず、陶器くず、またはこれらが混合した建設混合廃棄物などがある。

なお、建設発生土は、建設工事により搬出される土砂であることから、廃棄物処理法に規定される廃棄物には該当しない。

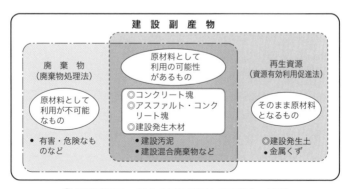

● 建設副産物に関する再生資源と廃棄物との関係

2. 再生資源利用計画書、再生資源利用促進計画書

　一定の規模を超える建設資材を搬入または搬出する現場に対し、「再生資源利用計画書」、「再生資源利用促進計画書」の提出が義務付けられている。

● 計画書作成の条件

提出書類	作成が必要な工事の条件
再生資源利用計画書（実施書）	次の建設資材を搬入する建設工事 ・土砂 500 m³ 以上 ・砕石 500 t 以上 ・加熱アスファルト混合物 200 t 以上
再生資源利用促進計画書（実施書）	次の建設副産物を搬出する建設工事 ・土砂 500 m³ 以上 ・コンクリート塊、アスファルト・コンクリート塊または建設発生木材 　合計 200 t 以上

※　両計画とも、建設工事の完成の日から 5 年間は、記録保存期間

6-4　廃棄物処理法

1. 廃棄物処理法の概要

■ 一般廃棄物と産業廃棄物

　廃棄物処理法では、廃棄物は産業廃棄物と一般廃棄物（産業廃棄物以外の廃棄物）に区分されている。また、建設副産物のうち、廃棄物処理法に規定されている廃棄物に該当するものを建設廃棄物という。

● 建設廃棄物の例

廃棄物	一般廃棄物	河川堤防や道路ののり面などの除草作業で発生する刈草、道路の植樹帯などの管理で発生する剪定枝葉　など
	産業廃棄物	がれき類※（コンクリート塊、アスファルト・コンクリート塊、れんが破片など）、汚泥、木くず※、廃プラスチック、金属くず（鉄骨・鉄筋くず、足場パイプなど）、紙くず※、繊維くず※、廃油、ゴムくず、燃殻、など

※　工作物の新築、改築、除去にともなって発生するもの（がれき類、木くず、紙くず、繊維くずは、「建設業に係るもの（工作物の新築、改築または除去により生じたもの）」と定められている）

基礎・応用記述 編

2. 産業廃棄物管理票（マニフェスト）

マニフェスト制度は、産業廃棄物の委託処理における排出事業者の責任の明確化と、不法投棄の未然防止を目的に実施されている。産業廃棄物は、排出事業者が自らの責任で適正に処理することとなっており、その処理を委託する場合には、産業廃棄物の名称、運搬業者名、処分業者名、取扱いの注意事項などを記載したマニフェストを交付して、産業廃棄物と一緒に流通させることにより、産業廃棄物に関する正確な情報を伝えるとともに、委託した産業廃棄物が適正に処理されていることを確認することができる。

- 排出事業者は、紙マニフェスト、電子マニフェストのいずれかを使用する。
- 排出事業者（元請人）が、廃棄物の種類ごと、運搬先ごとに処理業者に交付し、最終処分が終了したことを確認しなければならない。
- マニフェストの交付者および受託者は、交付したマニフェストの写しを5年間保存しなければならない。
- 排出事業者は、マニフェストの交付後90日以内（特別管理産業廃棄物の場合は60日以内）に中間処理が終了したことを確認する必要がある。
  また、中間処理業者を経由して最終処分される場合は、マニフェスト交付後180日以内に最終処分が終了したことを確認する必要がある。

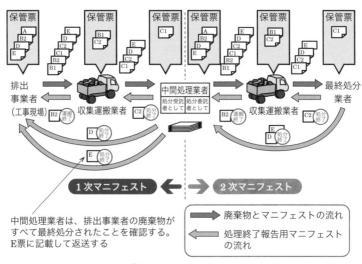

⊙ マニフェストの流れ

《《《問題1》》》 建設工事にともなう**騒音または振動防止のための具体的対策に**ついて**5**つ解答欄に記述しなさい。

　ただし、騒音と振動防止対策において同一内容は不可とする。

　また、解答欄の（例）と同一内容は不可とする。※

※ 過去問出題文のまま。実際の解答用紙には例が提示されている。

解説

騒音、振動の防止対策

　「建設工事に伴う騒音振動対策技術指針」を参考にしながら記述することができる。

【解答例】　次の中から**5**つを選んで解答するとよい。

①	建設機械などは、整備不良による騒音、振動が発生しないように点検、整備を十分に行う。
②	作業待ち時には、建設機械などのエンジンをできる限り止めるなど騒音、振動を発生させない。
③	低騒音型建設機械を使用する。
④	掘削はできる限り衝撃力による施工を避け、無理な負荷をかけないようにし、不必要な高速運転やむだな空ぶかしを避け、ていねいに運転する。
⑤	運搬路は点検を十分に行い、特に必要がある場合は維持補修を工事計画に組込むなど対策に努める。
⑥	運搬車の運転は、不必要な急発進、急停止、空ぶかしなどを避けて、ていねいに行う。
⑦	運搬路の選定では、できる限り舗装道路や幅員の広い道路を選び、急な縦断勾配や、急カーブの多い道路は避ける。

基礎・応用記述 編

〈〈〈問題2〉〉〉 建設工事において、排出事業者が「廃棄物の処理および清掃に関する法律」および「建設廃棄物処理指針」に基づき、建設廃棄物を現場内で保管する場合、周辺の生活環境に影響を及ぼさないようにするための**具体的措置**を**5つ**解答欄に記述しなさい。

　ただし、特別管理産業廃棄物は対象としない。

解説

【解答例】　次の中から5つを選んで解答するとよい。

　なお、「建設廃棄物処理指針」のなかにある「作業所（現場）内保管」の項目の記載内容が該当する。

①	廃棄物が飛散・流出しないようにし、粉塵防止や浸透防止などの対策をとること。
②	汚水が生じるおそれがある場合には、必要な排水溝などを設け、底面を遮水シートなどの不透水性の材料で覆うこと。
③	悪臭が発生しないようにすること。
④	保管施設には、ねずみや蚊、はえその他の害獣や害虫が発生しないようにすること。
⑤	周囲に囲いを設けること。なお廃棄物の荷重がかかる場合には、その囲いを構造耐力上安全なものとすること。
⑥	廃泥水など液状または流動性の廃棄物は、貯留槽で保管する。また、必要に応じ、流出事故を防止するための堤防などを設けること。
⑦	がれき類は崩壊、流出などの防止措置を講じるとともに、必要に応じ散水を行うなど粉塵防止措置を講じること。

　「建設廃棄物処理指針」ではこれ以外にも以下のような記載があるので参考までに知っておこう。

　なお、解答の際は、設問にあるように「周辺の生活環境に影響を及ぼさないようにするための具体的措置」に論点を絞ったほうがよい。

- 廃棄物の保管の場所である旨その他廃棄物の保管に関して必要な事項を表示した掲示板が設けられていること。掲示板は縦および横それぞれ60cm以上とし、保管の場所の責任者の氏名または名称および連絡先、廃棄物の種類、積み上げることが出来る高さなどを記載すること。
- 屋外で容器に入れずに保管する際、廃棄物が囲いに接しない場合は、囲いの下端から勾配50%以下、廃棄物が囲いに接する場合は、囲いの内側2m以内は囲いの高さより50cm以下、2m以上内側は勾配50%以下とすること。
- 可燃物の保管には消火設備を設けるなど火災時の対策を講じること。
- 作業員などの関係者に保管方法などを周知徹底すること。

《《《問題3》》》建設工事に係る資材の再資源化などに関する法律（建設リサイクル法）により再資源化を促進する特定建設資材に関する次の文章の □ の（イ）～（ホ）に当てはまる**適切な語句**を解答欄に記述しなさい。

(1) コンクリート塊については、破砕、選別、混合物の （イ） 、 （ロ） 調整などを行うことにより再生クラッシャーラン、再生コンクリート砂などとして、道路、港湾、空港、駐車場および建築物などの敷地内の舗装の路盤材、建築物などの埋戻し材、または基礎材、コンクリート用骨材などに利用することを促進する。

(2) 建設発生木材については、チップ化し、 （ハ） ボード、堆肥などの原材料として利用することを促進する。これらの利用が技術的な困難性、環境への負荷の程度などの観点から適切でない場合には （ニ） として利用することを促進する。

(3) アスファルト・コンクリート塊については、破砕、選別、混合物の （イ） 、 （ロ） 調整などを行うことにより、再生加熱アスファルト （ホ） 混合物および表層基層用再生加熱アスファルト混合物として、道路などの舗装の上層路盤材、基層用材料、または表層用材料に利用することを促進する。

解説 (1) コンクリート塊については、破砕、選別、混合物の（イ）除去、（ロ）粒度調整などを行うことにより再生クラッシャーラン、再生コンクリート砂などとして、道路、港湾、空港、駐車場および建築物などの敷地内の舗装の路盤材、建築物などの埋戻し材、または基礎材、コンクリート用骨材などに利用することを促進する。

(2) 建設発生木材については、チップ化し、（ハ）木質ボード、堆肥などの原材料として利用することを促進する。これらの利用が技術的な困難性、環境への負荷の程度などの観点から適切でない場合には（ニ）燃料として利用することを促進する。

(3) アスファルト・コンクリート塊については、破砕、選別、混合物の（イ）除去、（ロ）粒度調整などを行うことにより、再生加熱アスファルト（ホ）安定処理混合物および表層基層用再生加熱アスファルト混合物として、道路などの舗装の上層路盤材、基礎用材料、または表装用材料に利用することを促進する。

【解答例】

（イ）	（ロ）	（ハ）	（ニ）	（ホ）
除去	粒度	木質	燃料	安定処理

〈〈〈問題4〉〉〉建設発生土の有効利用に関する次の文章の □□□ の（イ）
〜（ホ）に当てはまる適切な語句を解答欄に記述しなさい。

(1) 高含水比の材料は、なるべく薄く敷き均した後、十分な放置期間をとり、ばっ気乾燥を行い使用するか、処理材を　(イ)　調整し使用する。

(2) 安定が懸念される材料は、盛土のり面　(ロ)　の変更、ジオテキスタイル補強盛土やサンドイッチ工法の適用や排水処理などの対策を講じるか、あるいはセメントや石灰による安定処理を行う。

(3) 有用な現場発生土は、可能な限り　(ハ)　を行い、土羽土として有効利用する。

(4) 　(ニ)　のよい砂質土や礫質土は、排水材料への使用をはかる。

(5) やむを得ずスレーキングしやすい材料を盛土の路体に用いる場合には、施工後の圧縮　(ホ)　を軽減するために、空気間隙率が所定の基準内となるように締め固めることが望ましい。

解説 (1) 高含水比の材料は、なるべく薄く敷き均した後、十分な放置期間をとり、ばっ気乾燥を行い使用するか、処理材を（イ）混合調整し使用する。

(2) 安定が懸念される材料は、盛土のり面（ロ）勾配の変更、ジオテキスタイル補強盛土やサンドイッチ工法の適用や排水処理などの対策を講じるか、あるいはセメントや石灰による安定処理を行う。

(3) 有用な現場発生土は、可能な限り（ハ）仮置きを行い、土羽土として有効利用する。

(4) （ニ）透水性のよい砂質土や礫質土は、排水材料への使用をはかる。

(5) やむを得ずスレーキングしやすい材料を盛土の路体に用いる場合には、施工後の圧縮（ホ）沈下を軽減するために、空気間隙率が所定の基準内となるように締め固めることが望ましい。

【解答例】

（イ）	（ロ）	（ハ）	（ニ）	（ホ）
混合	勾配	仮置き	透水性	沈下

索　引

〈著者略歴〉

宮 入 賢 一 郎 （みやいり　けんいちろう）

　技術士（総合技術監理部門：建設・都市及び地方計画）
　技術士（建設部門：都市及び地方計画，建設環境）
　技術士（環境部門：自然環境保全）
　RCCM（河川砂防及び海岸，道路），測量士，1級土木施工管理技士
　登録ランドスケープアーキテクト（RLA）
　国立長野工業高等専門学校　環境都市工学科　客員教授
　長野県林業大学校（造園学）非常勤講師
　特定非営利活動（NPO）法人ＣＯ２バンク推進機構　理事長
　一般社団法人社会活働機構（OASIS）　理事長

○主な著書（編著書含む）
『ミヤケン先生の合格講義　2級造園施工管理試験』
『ミヤケン先生の合格講義　1級土木施工管理　実地試験』
『ミヤケン先生の合格講義　コンクリート技士試験』
『技術士ハンドブック（第2版）』（以上，オーム社）
『トコトンやさしい建設機械の本』
『はじめての技術士チャレンジ！（第2版）』
『トコトンやさしいユニバーサルデザインの本（第3版）』（以上，日刊工業新聞社）
『図解　NPO法人の設立と運営のしかた』（日本実業出版社）

○最新情報
　書籍や資格試験の情報，活動のご紹介
　著者専用サイトにアクセスしてください。
　https://miken.org/

イラスト：原山みりん（せいちんデザイン）

ミヤケン先生の合格講義
1級土木施工管理技士　第二次検定

2023 年 8 月 17 日　　第 1 版第 1 刷発行

著　　者　宮入賢一郎
発行者　村上和夫
発行所　株式会社 オーム社
　　　　郵便番号　101-8460
　　　　東京都千代田区神田錦町 3-1
　　　　電話　03(3233)0641(代表)
　　　　URL　https://www.ohmsha.co.jp/

© 宮入賢一郎 2023

組版　ホリエテクニカル　　印刷・製本　壮光舎印刷
ISBN978-4-274-23078-3　Printed in Japan

本書の感想募集 https://www.ohmsha.co.jp/kansou/
本書をお読みになった感想を上記サイトまでお寄せください.
お寄せいただいた方には，抽選でプレゼントを差し上げます.